Garden Art Research

园林艺术研究

1

中国园林博物馆　主编

中国建筑工业出版社

图书在版编目(CIP)数据

园林艺术研究 1/中国园林博物馆主编. —北京：中国建筑工业出版社，2018.6

ISBN 978-7-112-22331-2

Ⅰ.①园…　Ⅱ.①中…　Ⅲ.①园林艺术－研究－世界　Ⅳ.① TU986.1

中国版本图书馆 CIP 数据核字（2018）第 112418 号

责任编辑：杜　洁　兰丽婷
责任校对：芦欣甜

园林艺术研究1

中国园林博物馆　主编

*

中国建筑工业出版社出版、发行（北京海淀三里河路9号）

各地新华书店、建筑书店经销

天津图文方嘉印刷有限公司印刷

*

开本：880×1230毫米　1/16　印张：5¼　字数：189千字

2018年6月第一版　　2018年6月第一次印刷

定价：42.00元

ISBN 978-7-112-22331-2

(32199)

目　录

Studies
On Historic Gardens

历史名园研究

"三山五园"历史文化遗产及其水系恢复探析

李炜民

静明园、畅春园、圆明园、静宜园、清漪园（颐和园）位处北京城西北郊，由于五园中含有"香山、玉泉山、万寿山"三山，后统称为"三山五园"，反映了中国造园艺术的最高水平，是融自然人文于一体的人类共同的文化遗产，也是北京这座历史名城最为精彩的壮美画卷（图1）。"三山五园"以历史丰厚、建筑众多、文物丰富为众所周知，但是，也许大家所稍微忽略的是，水才是赖以产生、延续和保持活力的重要根源。今天，我们注重保护、传续和开发"三山五园"这一重要文化资源，那么，"三山五园"水系的保护便是其题中应有之义。

1 "三山五园"及其历史文化价值

"三山五园"是从康熙朝至乾隆朝陆续修建起来的，汇集了中国众多传统文化瑰宝，从山形、水系及宫殿、庙宇建筑，到珍藏其中的绘画、佛像、雕塑等奇珍异宝，是中华民族集体智慧的结晶，承载着几千年来中华民族的精神、认识、追求和价值取向[1]。

"三山五园"地区是当今北京少有的文化遗产要素数量多、质量高、密度大的区域，是海淀区甚至整个京西地区的主导文化要素和标志性文化符号，也是北京难得的大公园、大遗址和大型户外空间，它具有很高、很多方面的价值和现代意义，文化资源极其丰富，拥有良好的文化经济发展潜力。其价值"五位一体"，包括文化价值、经济价值、生态价值、政治价值和社会价值[2]。

"三山五园"作为古典皇家园林建筑群，首先是对中国园林鼎盛时期建筑、造园艺术水平的真实反映，其次，"三山五园"作为清王朝的政治中心，处处体现了帝王政治、皇家文化和典章制度等丰富的内容，园中的多种多样、多姿多彩的建筑和格局，体现了底蕴深厚的园林功能与园林文化。历经三百多年风吹雨打，在园林中出现的历史人物，在其中流传的历史故事数不胜数，在帝王避喧听政、读书观稼、宗教礼佛等方面有着广阔的研究空间，留存的历史遗迹纵横交错，构成了复杂庞大的历史传承文化谱系。

图 1 清代佚名绘"三山五园"图

2 "三山五园"区域水系历史溯源

"三山五园"地区的水源可以分为两个系统：一为玉泉山水系，包括玉泉山诸泉、香山诸泉、碧云寺诸泉、樱桃沟诸泉等，泉水汇入昆明湖，经长河汇入内城及护城河，再入通惠河至通州，同时也可经青龙闸入萧家河，而后经清河入潞河；二为万泉河水系，由万泉庄诸泉发源，向北流经畅春园及诸王府私园，入圆明园，汇入清河。

金代玉泉山泉水流量较大。据金人碑记中记载"燕城西北三十里有玉泉，自山而出，泓澄百顷。及其放乎长川，浑浩流转，莫知起涯"。金代开始开凿金河，引玉泉山水，使之成为都城及漕运的重要水源。元代郭守敬引白浮诸泉水入瓮山泊，扩大了瓮山泊的水源，使之成为大都最重要的供水水系，这也是通惠河的上源。元代瓮山泊（昆明湖）是当时供应都城用水的调节水库，是都城水系的重要节点。《元史·河渠志》记载"世祖至元二十八年，都水监郭守敬奉诏兴举水利，因建言：'疏凿通州至大都河，改引浑水溉田，于旧闸河踪迹导引清水，上自昌平县白浮村引神山泉，西折南转，过双塔、榆河、一亩、玉泉诸水，至西水门入都城，南汇为积水潭，东南出文明门，东至通州高丽庄，入白河。'"这是一次重要的水源整理。

明代的万泉河水系，由于泉眼众多，水质良好，开始开辟水田稻作，并有私家园林清华园、勺园出现。清华园就是依傍万泉河水系的丹稜沜所建，勺园的水源也源自万泉河水系。明人蒋一葵《长安客话》中记载："水所聚曰淀。高粱桥西北十里，平地有泉，淙泊草木间，潴为小溪，凡数十处。北为北海淀，南为南海淀，远树参差，高下攒簇，间以水田，町塍相接，盖神皋之佳丽，郊居之胜选也。北淀之水来自巴沟，或云巴沟即南淀也。"这里所说的泉就是万泉庄诸泉。

清代康熙皇帝在明清华园遗址上兴建畅春园，同时整修万泉河水系，形成以水景为核心的皇家园林，为防止水患，他还在畅春园西面修建了西堤（今颐和园东堤）。乾隆时期对于万泉庄诸泉及万泉河河道也进行了疏浚，使之成为圆明园的重要补给水源。乾隆皇帝所撰《御制万泉庄记》中提到万泉河的水源万泉庄诸泉"若大沙、小沙、巴沟皆立碣以志之，而庙（泉宗庙）之内东西为池沼亭台若干所，其淙泉处亦皆与之名而志之，碣凡二十有八。庙之外喷出于稻町柳岸如盂浆蹄涔者盖不可胜记，则万泉之名盖应在此。"至乾隆时期，由于造园需要，开始大规模整理玉泉山水系。乾隆十四年（1749 年），乾隆皇帝派人对玉泉山水系进行勘察，而后写下了《麦庄桥记》，然后对玉泉山诸泉进行疏浚。同年冬天，乾隆皇帝发动人力拓展瓮山泊（昆明湖），使其面积大为扩大。并在清逸园西辟

高水湖、养水湖。高水湖乾隆二十四年（1759 年）修成，与玉河、金河、养水湖相通，它与养水湖一起成为灌溉京西稻田的重要水源。《日下旧闻考》中记载："玉泉之水流绕乐景阁前后汇为湖，其流一曲西南水城关出，一曲东宫门前南闸出，同入高水湖，又自北闸会裂帛泉诸水，经小东门外，东汇于昆明湖。""影湖楼在高水湖中，东南为养水湖，俱蓄水以溉稻田。复于堤东建一空闸，洩玉泉诸水流为金河，与昆明湖同入长河。"乾隆三十八年（1773 年），乾隆皇帝又兴工将碧云寺、香山、樱桃沟泉水用石槽引至四王府广润庙，再合玉泉山诸水，经玉河入昆明湖。《日下旧闻考》中记载："西山泉脉随地涌现，其因势顺导流注御园以汇于昆明湖者，不惟疏玉泉已也，其自西北来者尚有二源：一出于十方普觉寺旁之水源头，一出于碧云寺内石泉，皆凿石为槽以通水道，地势高则置槽于平地，覆以石瓦，地势下则于垣上置槽。兹二流透迤曲赴至四王府之广润庙内，汇入石池，复由池中引而东行，于土峰上置槽，经普通、香露、妙喜诸寺夹垣之上，然后入静明园，为涵漪斋练影堂诸胜。"

清漪园中二龙闸及后溪河两处出水口有通向圆明园的河道，为圆明园提供水源。由二龙闸放出的昆明湖水合西马厂诸水在藻园门水关入圆明园。《日下旧闻考》中记载："万寿山后溪河亦发源于玉泉，自玉河东流，经柳桥曲折东注。其出水分为三：一由东北门西垣下闸口出；一由东垣下闸口出，并归圆明园西垣外河；一由惠山园南流出垣下闸，为宫门前河，又南流由东堤外河，会马厂诸水入圆明园内。"在香山、樱桃沟下游建有北旱河、南旱河，作为泄洪水道。《日下旧闻考》中记载："四王府东北至静明园外垣皆有土山，土山外为东北一带泄水河。其水东北流，合萧家河诸水，经圆明园后归清河。四王府西南亦有土山，土山外为西南一带泄水河。其水流经小屯村、西石桥、平坡庄、东石桥折而南流，经双槐树之东，又东南至八里庄，西汇于钓鱼台前湖内，为正阳、广宁、广渠三门城河之上游。此二洩水河皆乾隆年间奉命开浚，每夏间山水盛发，藉此南北二河分酾其势。"

"三山五园"水系是一个完整的体系，河湖以闸、堤、桥相分相连，既满足蓄水泄洪之需，又满足大规模造园、稻田灌溉与民生之用。正是因为"水"与"田"使三山五园有机连接起来。乾隆皇帝在《万寿山昆明湖记》中提到"清漪、静明，一水可通"，这一水同时连接畅春园与圆明园，而静宜园中的诸泉则是其上源。

3 "三山五园"区域水系现状问题

供水来源是"三山五园"地区水系恢复所面临的最为

核心的问题。城市化的发展给这一区域环境带来巨大的变化，近三十年来，随着城乡体制的改变，这一区域的土地性质发生了改变，原有的大片果林、耕地、菜地、稻田逐步缩小直至退出，建设用地逐渐替代了农业土地，区域人口大量聚集，外来人口不断增加，原有的生产方式发生了改变，取而代之的是房地产、旅游业、乡镇企业等，污染与资源消耗量逐年增大，地下水位直线下降，大量的河湖渠塘受到污染、逐渐干涸，有的甚至被填平。海淀，这一在历史上以水资源丰沛著称的区域，也不得不面临外来水源调配供给的尴尬境遇。历史上作为"三山五园"主要水源的玉泉山水系和万泉河水系日渐枯竭，樱桃沟、碧云寺诸泉的水流量也已经变得极为弱小，已无法为本区域园林体系提供水源。西山至玉泉山一带泉水不再涌出，曹雪芹笔下的"河墙沿柳"景观，仅存散点遗迹。在玉泉山脚下号称"天下第一泉"早在几十年前就已经枯竭。香山地区居民吃水都一度出现困难。由于地下水位下降等原因，"三山五园"区域历史上的水源急剧减少，原有的水系由于断流、缺水、建设破坏等原因已残留不全，昆明湖西用于泄洪并调节水量的"高水湖"和"养水湖"等湖泊全部消失。

作为"三山五园"核心区域的颐和园虽然较为完整的保存下来，并已经成为世界遗产。但作为过去城市与"三山五园"水系的枢纽的重要节点，水脉与周边环境还是发生了很大变化。昆明湖供水水源也几经变迁，20世纪80年代改由京密引水渠供水。水资源紧张加上人为因素，近些年昆明湖水位不保，导致堤岸冲刷破损严重，水质无法保证，甚至出现主要湖区干涸的局面，代表着北京湖泊生物多样性遭到灭绝性损害。在颐和园经二龙闸河、月牙河与颐和园北墙外至圆明园东去河道由于城市化建设早已被掩埋在地下。颐和园东南万泉庄诸泉早已绝迹，其上被建筑覆盖，万泉河成了无源之水，不能再为圆明园及周边园林提供水源补给。六郎庄一带环境也发生了彻底改变，由过去的京西稻田改变为高尔夫球场和海淀公园。沿颐和园东墙外几经周折东宫门与新建宫门之间虽然恢复了荷花地，但新建宫门外南沿还是塞加了许多建筑，对文化遗产构成直接威胁。更为重要的是在玉泉山与颐和园之间过去一直种植京西稻的文化景观，在20世纪90年代末由于水资源短缺政策的调整不再种植，取而代之的是郊野公园，山水相依田园一体的唯美画面被彻底破坏。

经过几十年的努力，圆明园遗址的土地不断收回，保护开放范围不断扩大，但由于历史原因，园内山形水系还是发生了巨大的改变，由于上游水源早已不在，作为人工挖湖堆山有"万园之园"之称的圆明园，园内水系也有诸多改变，失去了往日的精彩。为了减少蒸发，发生在21

世纪初的圆明园湖底防渗工程引起诸多质疑，而这一切都是因为水资源短缺、生态环境恶化造成。

4 "三山五园"区域水系恢复对策

"西山文化带"以及"运河文化带"的建设给"三山五园"的整体保护带来新的发展机遇，"三山五园"是"西山文化带"核心组成部分，是西山文化带中保存相对完整、文化最为丰富、景观最为多样的区域，是中国乃至世界历史上以国家为主导建设的规模最大的皇家园林群。作为大运河的北端，颐和园昆明湖历史上是通惠河的上源，与"运河文化带"密切相关。建设"西山文化带"与"运河文化带"都离不开一个"水"字，"三山五园"区域更是如此。若想破解这个难题，"三山五园"区域水系得以恢复，前提是在梳理清楚历史演变的前提下，结合现状实际情况寻找新的补给水源。

由于香山地势较高，从山前引水西去逆势而上解决水源难度大成本高。香山地区地下水资源短缺，源自山上的泉水也几经断流。因此，用地下水或山泉水作为供给水源已无可能。曾有专家建议将山后京密引水渠的水打到山顶，建可调节的封闭水库引入山前解决香山地区缺水问题。现西山隧道的建设给我们带来了新的思路，用封闭的管线自山后京密引水渠将水穿过隧道引至山前，这也许是永久解决山前水源的便捷出路。

"山水林田湖"是"三山五园"区域的文化景观特征，其根本是建立在水源充足的基础上。历史上的水系既是造园的内因也是连接不同园区的血脉，并由此形成了沿线丰富的文化景观。这一区域的造园体系一是延续了历史文脉，二是充分利用了自然山水资源，虽由人作，宛自天开，是人文艺术与自然资源结合的典范。尽管这一区域的水系发生了巨大的改变，但是自香山、碧云寺、樱桃沟往东河床、南北旱河以及玉泉山至颐和园的河道、牌坊建筑及遗迹均清晰可查，整个区域大部分为绿色空间，这就为恢复历史主体景观创造了条件。

在解决水源问题之后，恢复旧有水系就应该提上日程。利用旧河床、河道进行梳理，自西向东经玉泉山至昆明湖、圆明园一线，恢复"三山五园"的基本水系格局，使"三山五园"再度通过水系有机连接起来，才有可能恢复这一区域的生态环境与文化景观，实现可持续发展。恢复水系的重点在疏通，使因城市化而湮没的水系再现并实现贯通，是重现清代各园"一水可通"的优美景观的关键所在。玉泉山下的高水湖、养水湖二湖可以重新恢复，用以涵养水源，作为在玉泉山、万寿山两山之间恢复稻田的灌溉用水，同时也有利于周边景观环境的营造。连通静明园和颐和园的玉河（北长河）可以适当疏浚，有条件的情况下，可以适当恢复游船，重现当日往来两园，舟行田园中的胜景。颐和园昆明湖连通圆明园的两处水系：二龙闸河及霁清轩出水水系，可以适当恢复二龙闸东部分河道，实现由昆明湖与圆明园、清华园万泉河水系的连通。

恢复水系是一项关于"三山五园"整体景观打造的系统工程，水系恢复的同时重点应考虑恢复颐和园与玉泉山之间的京西稻景观。我国是传统农耕大国，重视农业生产是关乎民生的大计，历朝历代均高度重视。自宋代以来，就出现官印耕织图的版本，至元代忽必烈在元大都后（今景山一带）设置了亲耕田。至清代康熙亲自由江南引稻种（京西稻）种植，并御制耕织图刻板印发。乾隆皇帝建清漪园专门开辟了耕织图景区，与园外稻田连为一体，御笔书写立碑于此。并在"三山五园"间广植稻田，设置机构专门管理京西御稻，足以看出对于农业民生的重视，同时也将皇家御园内外景观有机融为一体。因此，京西稻田的恢复是实现"山水林田湖"一体的核心要素，是再现这一区域独具特色的文化符号。京西稻田与"三山五园"水系相互映衬，必将重新构筑"三山五园"整体景观的完整性，展示宏宏的历史文化。京西稻作为历史上农耕文化的重要代表，应该申报为农业世界文化遗产。

"三山五园"水系与文化景观保护的恢复要统筹规划，整体设计，有序推进。一是要将这一区域的水系与文化景观历史遗迹梳理清楚，在此基础上根据现状与历史遗迹做出合理的规划方案。包括水系沿线的各个节点、河床走向

以及"三山五园"之间的重要景观符号。二是要注重整个区域"海绵城市"的建设，通过合理规划布局与技术手段使这一地区的自然降水有效利用，并最大程度地回归地下。三是在重点恢复京西稻景观的基础上，可以在京西稻种植前播种一茬油菜花，形成春秋两季的自然景观，强化"山水林田湖"一体的印象。四是加强水质的监测与管理，严格控制这一区域的污染排放，禁止化学农药在这一区域的使用，加快推进这一区域的集中供暖，降低排放。采取人为引导措施，保护这一区域的生物多样性。五是以水系恢复为主线，让水活起来。恢复沿线的重要历史文化景观，讲好"西山文化带""运河文化带"的故事，实现"三山五园"自然与文化遗产资源的永续传承。

5 结语

"三山五园"代表着皇家园林造园艺术的最高水平，是人类文明史上的壮举，是中国优秀传统文化的杰出代表，它在古都建设史上与皇城一样占有核心地位。保护与恢复"三山五园"的历史风貌，是保护"古都风韵"，擦亮古都这张金名片的重要举措。"三山五园"的保护，文化与生态并重。根源在水，景在田园，只有把水系和京西稻田找回来，才有可能真正再现"三山五园"区域一体的历史文化景观。因此，水系的恢复是"三山五园"保护与可持续传承的根本所在，水系的梳理与合理恢复是应该纳入西山文化带建设及运河文化带建设的重要内容。

参考文献

[1] 肖东发. 古都三山五园的历史文脉和文化价值 [J]. 北京科技大学学报（社会科学版），2015(3): 43-47.
[2] 张宝秀. 三山五园的地位与定位 [J]. 北京联合大学学报（人文社会科学版），2014, 12 (1): 65-67.

中国园林博物馆室内展园中名园再现研究

黄亦工　邬洪涛

1　博物馆概况

中国园林博物馆是我国第一座以园林为主题的国家级博物馆，始建于 2010 年，是第九届中国（北京）国际园林博览会的重要组成部分，于 2013 年 5 月 18 日建成并正式开馆。博物馆位于北京市丰台区永定河西岸，占地面积 6.5 公顷，总建筑面积 49950 平方米，其中博物馆主体建筑占地面积为 43950 平方米，地上 2 层，地下 1 层，建筑高度为 24 米。

中国园林博物馆以"中国园林——我们的理想家园"为建馆理念，旨在展示中国园林悠久的历史、灿烂的文化、多元的功能和辉煌的成就。博物馆的建设和展陈以中国历史和社会发展为背景，以中国传统文化为基础，以园林文物及相关藏品为重要支撑，以展示中国园林的艺术特征、文化内涵及其历史进程为主要内容，着重展现中国园林精湛的造园技艺和独特的艺术魅力，将中国古典园林、当代园林成就和园林未来发展汇于一堂，并辅之以国外园林艺术介绍，浓缩展示国内外园林精品。以翔实的资料、严谨的布局、科学的方法和现代化展陈手段充分展示中国园林的悠久历史、灿烂文化、辉煌成就和多元功能，体现园林对人类社会生活的深刻影响，并反映中国园林文化的研究成果，具有普及性和学术性双重使命。

中国园林博物馆的展览陈列以室内展陈为主，以室外展园和室内庭院为辅，三者相互穿插、渗透，成为一个展陈整体；在采用传统展陈手段的基础上，增加趣味性、参与性、互动性的现代化展陈手段，突出具有季相变化和空间艺术特征的园林展品，体验人与自然和谐的园林艺术魅力；立足中国园林"天人合一"的哲学理念和"虽由人作，宛自天开"的造园技法，追求情境交融的文化体验，达到博物馆展陈内容与园林环境完美融合的境界。

为更好地体现园林的空间属性，基于文献资料和现存的园林实例，在中国园林博物馆的室外空间因地制宜，推

导和复原能代表中国传统园林文化特色的展区，以展示水景园林、山地园林和城市园林等北方地区的经典园林类型。室内展陈采取基本陈列、专题陈列和临时展览三者结合的展陈体系，以中国古代园林、中国近现代园林为主题设定基本陈列，以中国园林的历史发展为主线，展示中国园林的发展历程和辉煌成就；以世界名园博览、中国造园技艺、中国园林文化、园林互动体验为主题设置专题陈列，以展示国内外园林相关精品展为主题举办临时展览（图 1）。

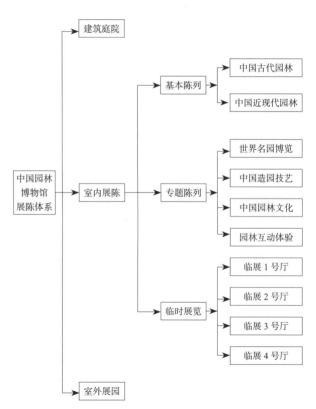

图 1　中国园林博物馆展陈体系示意图

图2　园博馆首层平面图　　　　　　　　　　　　图3　园博馆二层平面图

2　展园建设和展示的意义

"咫尺之地，再造乾坤"，室内展园作为中国园林博物馆展陈体系的组成部分，是体现博物馆展陈特色和地域特点的重要内容。考虑到园林作为展览内容的特殊性，根据中国园林博物馆总体规划方案，利用建筑室内空间的特殊环境条件，展陈空间分为主体建筑、室内庭院和室外展园三部分。经专家论证后，确定要在中国园林博物馆内建设三座不同风格的室内展园，并将这三座展园定义为园林实物的展品，按照以1∶1的比例进行场景再现。同时，在一个座博物馆呈现出多种风格不同的园林，更加便于游客对不同的造园手法进行比较。因北方气候干燥且季相变化明显，南方植物在室外很难存活，所以最终决定将室内展园的风格定义为南方私家园林。

室内展园位于建筑内部，可利用条件营造适合南方植物生长的环境，从而扩大植物选择的地域范围。通过对南方的历史园林进行论证，决定在中国园林博物馆展陈空间内再现具备典型性、地域性、不同风格、不同造园手法的展园，最终选定了苏州、扬州和岭南地区的园林。这三座城市是中国的历史文化名城，具有很深的文化积淀，其园林风格也具有很强的代表性。此外，中国园林和书画、戏曲、饮食文化都有密不可分的联系，这三座城市历史上都有各自的地域特色，分属三个派、三个盆景流派、三个菜系、三个剧种。因此，在建筑设计和展陈策划阶段，于主体建筑一层设置苏州畅园展园和广州余荫山房展园，在建筑二层设置扬州片石山房屋顶展园，打破室外气候条件对植物栽植等的限制，从而丰富了园林展示的地域风格特色。这三座室内庭院穿插在博物馆展陈体系之中，既是博物馆室内园林环境营建内容，又是展陈体系中的特殊展

品，从而赋予了这三座室内展园多元的功能。

中国园林博物馆规划设计的最大特色就是建设一座有生命的博物馆，在主体建筑内精心策划的这三处南方不同风格流派的室内展园，也是园博馆最为完整的展品。由于展陈空间的限制，并不能完全复制，而是根据建筑格局与展陈需求分别选取了苏州的畅园、扬州何园的片石山房和广州余荫山房深柳堂景区，根据三个地区不同地域气候特点配置设备，保证小气候环境能够满足庭院植物生长。为了原汁原味地再现展示，所有的工序均按传统做法，从原址勘测、规划设计、庭院施工、室内陈设到植物配置均按1∶1原样由当地的专业队伍和工匠负责完成，一砖一石、一花一木均进行严格把关，最大程度保持了原真性。而将片石山房选择屋顶之上，成为荷载最大的空中花园，更是体现园林博物馆创作之奇妙，成为一大亮点，在展示中国古典园林辉煌艺术成就的同时，也展示当代屋顶造园的技术进步。

在博物馆主体建筑设计时提前考虑室内庭院植物所需的保温、采光、通风和灌溉等必要条件，考虑室内庭院尤其是片石山房的建筑荷载，同时，根据博物馆展陈体系和参观游线合理安排室内庭院位置。由于博物馆一层层高8米，片石山房主体叠石高度超过9米，为更好地展现叠石效果，将片石山房置放于博物馆二层露台，同时也丰富了博物馆的主立面。

在博物馆内部空间处理上，充分考虑原本处在室外自然空间条件下的畅园、片石山房和余荫山房如何能在建筑的室内空间有更好的表现效果，在设计时将博物馆室内空间和室内庭院园林空间相互穿插，合理运用借景、框景和障景等园林手法使博物馆展厅、公共廊道和室内庭院在空间上互通，丰富、灵活了博物馆室内空间。

在复建设计方案时，对畅园、片石山房和余荫山房开展了详尽的测绘工作。在测绘的基础上，我们尽可能根据园博馆室内空间结合畅园、片石山房、余荫山房原总平面萃选精华部分，保留原庭院的建筑和山水格局，且尺寸空间和相互关系也基本上不做大的调整。复原设计中选取畅园整体和片石山房、余荫山房最具特色部分，充分体现当地建筑、山石、室内陈设和种植等园林特色。在园博馆室内庭院以三处江南园林的原形为蓝本，既能自成体系，同时根据博物馆建筑内部空间做一些小的修改和调整后能更好地和博物馆室内空间融为一体。

为充分体现苏州、扬州和岭南当地园林特色，从方案设计开始我们就邀请当地园林部门主持各室内庭院的设计工作，方案设计和修改充分征求当地园林专家意见；施工过程中由当地园林部门组织施工，选用当地施工材料和施工工艺，邀请具有丰富施工经验的当地施工人员参与施工；在建筑室内陈设上也选用当地材料，由当地工匠施工，以期充分展现当地园林和文化特色。

3 室内展园设计方案与展示内容

3.1 苏州畅园

展园位于博物馆主建筑的一层，总面积 1450 平方米，总建筑面积 395 平方米。以苏州畅园原型为主体，展现了苏州园林独特的造园风格和高超的艺术成就。

畅园原址位于苏州市庙堂巷，是苏州小型园林的代表作之一，面积不大，1 亩有余，以水池为中心，周围绕以厅堂、船厅、亭、廊等园林建筑，采用封闭式布局和环形

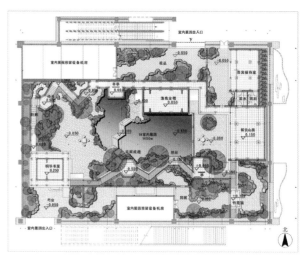

图 4 畅园总平面图

路线，景致丰富而多层次。园内建筑较多，局部处理手法细腻，比例尺度适宜，山石、花木布置少而精，给人精致玲珑的印象。水池面积约占全园的 1/4，沿岸围叠湖石，水池南端五折石板桥将池面一分为二。沿东园墙向北，走廊蜿蜒起伏，中间有两亭，一为六角形的延辉成趣亭，一为方形的憩间亭，两亭之间点缀竹石小品。园中主厅留云山房前设平台，为园中主要观景点。园中央凿池、周围环以建筑是苏州中小园林常用手法，这种布局空间配置紧凑，景物层次丰富，在同类园林中具有代表性。

3.1.1 设计方案

畅园为整体复建，展园设计以"畅园"为主体，展示苏州造园的独特风格和高超的艺术成就，其他各小庭院起

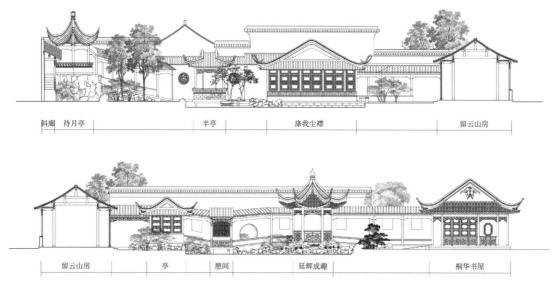

| 斜廊 | 待月亭 | | 半亭 | 涤我尘襟 | | 留云山房 |

| 留云山房 | 亭 | 憩间 | 延辉成趣 | | 桐华书屋 |

图 5 畅园剖面图

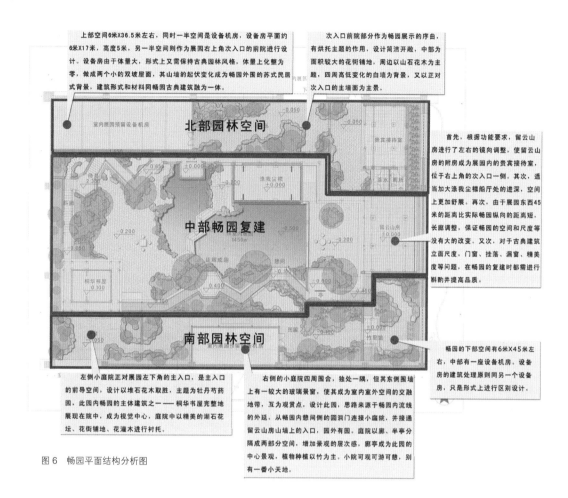

上部空间6米X36.5米左右，同时一半空间是设备机房，设备房平面约6米X17米，高度5米，另一半空间则作为展园右上角次入口的前院进行设计。设备房由于体量大，形式上又需保持古典园林风格，体量上化整为零，做两个小的双坡屋面，其山墙的起伏变化成为畅园外围的苏式民居式背景，建筑形式和材料同畅园古典建筑融为一体。

次入口前院部分作为畅园展示的序曲，有烘托主题的作用，设计简洁开敞，中部为面积较大的花街铺地，周边以山石花木为主，四周高低变化的白墙为背景，又以正对次入口的主墙面为主景。

首先，根据功能要求，留云山房进行了左右的镜向调整，使留云山房的附房成为展园内的贵宾接待室，位于右上角的次入口一侧。其次，适当加大涤我尘襟船厅处的进深，空间上更加舒展，再次，由于展园东西45米的距离比实际畅园纵向的距离短，长廊调整，保证畅园的空间和尺度等没有大的改变。又次，对于古典建筑立面尺度、门窗、挂落、漏窗、精美度等问题，在畅园的复建时都需进行斟酌并提高品质。

北部园林空间
中部畅园复建
南部园林空间

左侧小庭院正对展园左下角的主入口，是主入口的前导空间，设计以堆石花木取胜，主题为牡丹芍药园，此园内畅园的主体建筑之一——桐华书屋完整地展现在院中，成为视觉中心，庭院中以精美的湖石花坛、花街铺地、花灌木进行衬托。

右侧的小庭院四周围合，独处一隅，但其东侧围墙上有一较大的玻璃景窗，使其成为室内室外空间的交融地带，互为观赏点，设计此园，思路来源于畅园内流线的外延，从畅园内憩间侧的圆洞门连接小庭院，并接通留云山房山墙上的入口，园外有园。庭院以廊、半亭分隔成两部分空间，增加景观的层次感，廊亭成为此园的中心景观，植物种植以竹为主，小院可观可游可憩，别有一番小天地。

畅园的下部空间有6米X45米左右，中部有一座设备机房，设备房的建筑处理原则同另一个设备房，只是形式上进行区别设计。

图6 畅园平面结构分析图

烘托陪衬作用，围绕畅园各成特色，既简洁又有亮点，展现出苏州园林小品营造的艺术特色。总体保持原貌，同时结合博物馆场地条件进行适当调整。植物品种优先选取生长于长江流域的植物，如杜鹃、桂花、含笑等，考虑室内光照不足的因素，选取沿阶草等耐荫植物。主体建筑"留云山房"、"涤我尘襟"船厅、"桐华书屋"环绕水池遥相呼应，北部为面积较大的海棠芝花铺地，周边以山石花木为主题，玲珑的峰石、姿态优美的花木以四周高低变化的白墙为背景天然成为一幅画卷。庭院以廊、半亭分隔成两部分空间，增加景观的层次感，廊亭成为此园的中心景观，小院可观可游可憩，步移景异，引人入胜。从畅园内"憩间"侧的圆洞门连接小庭院，并接通"留云山房"山墙上的入口，园外有园，别有一番天地，完美地展现苏州园林的造园风格和高超的艺术成就。

3.1.2 展示内容

苏州畅园展园主要展示的园林建筑有"留云山房"、"涤我尘襟"和"桐华书屋"等。园内的花木山石，灰瓦白墙，小亭曲径，翠竹点缀，充分体现了苏州园林的特征。

图7 畅园鸟瞰效果图

3.2 扬州片石山房

展园位于博物馆主体建筑的二层,总占地面积1050平方米,建筑面积270平方米。选取扬州园林最具代表性的叠石"人间孤本",最大体量建筑楠木厅,以及"水中月、镜中花"等最具代表性特色部分,假山山石重量近千吨,为绝无仅有的屋顶叠石掇山之作。

扬州园林兼具南方之秀和北方之雄,"扬州以名园胜,名园以叠石胜",《扬州画舫录》写道:"杭州以湖山胜,苏州以市肆胜,扬州以园亭胜"。片石山房原址位于扬州城南花园巷,传说为明末大画家石涛叠石的"人间孤本"。"片石山房"体现扬州园林"莫谓此中天地小,卷舒收放卓然庐"的意趣和诗情,洋溢出"一峰剥尽一峰环,折经崎岖绕碧湍,拟欲寻源最深处,流云缥缈隐仙坛"的诗情。园中"水中月,镜中花"的表现手法,表现出人们摆脱尘世的烦恼,修身养性、寄情山水的人生追求和向往。

3.2.1 设计方案

扬州片石山房室内展园的建设充分考虑了复建的可行

图8 畅园北部效果图

图9 畅园施工照片

图10 扬州片石山房现状

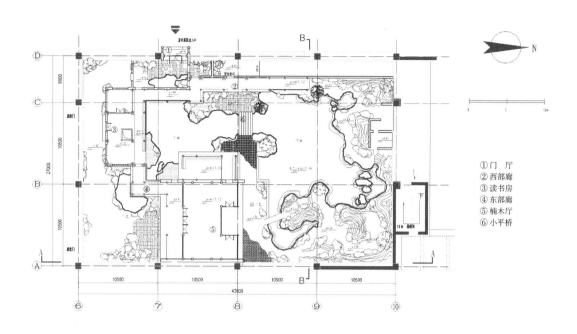

图 11　片石山房总平面图

① 门　厅
② 西部廊
③ 读书房
④ 东部廊
⑤ 楠木厅
⑥ 小平桥

性和科学性，在博物馆的室内空间选择合适的基址进行场景复原。假山以湖石紧贴山墙堆叠，采用下屋上峰的处理手法。主峰堆叠在砖砌的"石屋"之上，山体环抱水池，主峰峻峭苍劲，配峰在东南，两峰之间似续不续，有奔腾跳跃的动势，颇得"山欲动而势长"的画理，山上按原样植一株寒梅、一株罗汉松，树姿沧古。石块拼接之处有自然之势而无斧凿之痕，其气势、形状、虚实处理秉承了明代叠山之法，"水随山转，山因水活"的画理，独峰耸翠，秀映清池。假山丘壑中的"镜花水月"堪称一绝，光线透过留洞，映入水中，宛如明月倒影，动中有静、静中有动，盎然成趣，它跟随着观赏者人行步移，从满月到月牙，逐渐变幻，盎然成趣。这便是片石山房著名而奇特的佛理景观——镜花水月，里面蕴藏着智慧人生的大知大觉，使人更觉空灵深远。西部仿建楠木厅，一边为棋室，中间是涌泉，并配置琴台。东北部廊壁上刻有碑文，选用石涛等人的诗文9篇置壁上，半亭嵌置一块镜面，整个园景可通过不同角度映照其中，顺自然之理，行自然之趣，表现了石涛诗中"四边水色茫无际，别有寻思不在鱼。莫谓池中天地小，卷舒收放桌然庐"的意境。

　　展园中仿建的明代楠木厅，结构严谨，深厚端庄。楠木厅西墙接造一"不系舟"临池而泊，似船非船，似坞非坞。楠木厅东院的墙上嵌砖刻"片石山房"四字，为临摹石涛手书放大。片石山房假山主峰山上有一株寒梅，东边山巅还有一株罗汉松，树龄均逾百年。仿建时充分考虑园内原生特色，拟选择扬州片石山房中树种和花卉，同时

图 12　片石山房总体鸟瞰图

图 13　片石山房局部效果一

根据北方室外气候进行适当调整。结合扬州当地树种和花卉，尽可能找到相近、相似、相对应的植物。

片石山房展园实际上是一座屋顶花园，屋顶上栽植物，既要做好防水，又要做好排水，还要防根系穿刺，以同时保护建筑和植物本身。考虑到屋顶花园的要求，将屋顶叠石和建筑等荷载放在建筑承重墙、柱、梁的位置，避免将其布置在梁间的楼板上，以保证结构承载的合理性，增加结构的稳定性和建筑的安全性。

3.2.2 展示内容

扬州片石山房复建部分以屋顶花园的形式展出，展示了假山叠石、水池、建筑、植物等园林要素，包含最具代表性叠石"人间孤本"，最大体量建筑楠木厅，以及片石山房"水中月、镜中花"最具代表性特色景观等。

（a）人间孤本

（b）镜花水月

图14　片石山房局部效果二

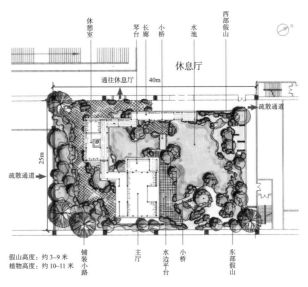

图16　片石山房仿建平面图

图15　片石山房施工

图17　复建片石山房

A–A 总剖面

B–B 总剖面

图 18　建筑剖面图

（a）片石山房西部假山立面图　　（b）片石山房东部假山立面图

图 19　假山立面图

图 20　余荫山房总平面图

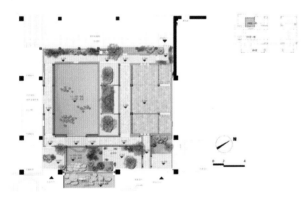

A–A 剖面图

B–B 剖面图

图 21　余荫山房剖面图

3.3　余荫山房

展园位于博物馆主体建筑的一层，占地面积 537 平方米，总建筑面积 193 平方米。以广东名园余荫山房为原型，选其重点特色景区进行适当调整复建，力求展现岭南园林的风貌和魅力。

余荫山房原址位于广州市番禺区南村镇北大街，是广东四大名园之一，为典型的岭南园林。余荫山房始建于清同治五年（1866 年），为清代举人邬彬的私家花园。邬彬在京任职四年后，以母亲年迈为由乞假归隐。为纪念和永泽先祖福荫取"余荫"二字为园名，又因此园地处偏僻的岗下之地，故用"山房"这个朴素的名字，以示园林地处山冈与寄托园主隐居之意。园门题"余地三弓红雨足，荫天一角绿云深"，为岭南园林第一联，该园以"缩龙成寸""书香文雅"的独特风格著称于世，嘉树浓阴、藏而不露，满园诗联，文采缤纷。

3.3.1　设计方案

设计方案选取余荫山房中"浣红跨绿"桥廊西侧，将以深柳堂—方形水池—临池别馆为主要景观结构的西部景区作为仿建对象。占地 530 平方米，总建筑面积 190 平方米，是室内最小的展园。桥廊以东的小水池设计具有地域特色的英石跌水，作为园区主入口的水景观，使游人第一时间领略岭南园林之水景特色。整体布局以方形水池居中，体现岭南园林环水建园的造园主旨，水庭之北为深柳堂，原为余荫山房园主会客场所，也是本园的主体建筑，以游廊连接"浣红跨绿"廊桥。深柳堂前种植左右两棵榆树，中间花架植有炮仗花，重现山房经典的堂前红雨景观。水池南面的临池别馆因场地面积问题只能保留檐廊部分，照壁上的灰塑"四福捧寿"，保证景观之视觉完整性。整个项目涉及岭南传统工艺 20 余项，其屏风、挂落、花罩木雕以及灰塑、蚝壳片窗、陶瓷琉璃花窗、彩色玻璃花窗、英石、家具、字画等做工精湛，完美地展现了岭南园林艺术特征，形成了"绿杨墙外多余荫，红树村边自隐居"的独特造园风格。

3.3.2　展示内容

中国园林博物馆复建余荫山房的精华部分，包括主体建筑深柳堂和"浣红跨绿"廊桥。展园方池居中，嘉树浓荫，虹桥观鱼，雕梁画栋，楹联陈设，反映出岭南园林的风格特点。

图 22　余荫山房鸟瞰图

图 23　余荫山房局部效果图

图 24　余荫山房入口透视图

图 25　余荫山房施工

4　结语

中国园林承载了古人对于理想家园的追求的愿景，中国园林博物馆传承和展示了这种理想诗意栖居的历史和内容，这是与其他博物馆不同的地方。室内庭院畅园、片石山房和余荫山房穿插在园博馆展陈体系之中，既是园博馆室内园林环境营建，同时又是园博馆展陈体系中的可体验的特殊展品，赋予了室内庭院多元的功能。展园作为展品体现了生命特征，更加凸显了中国园林博物馆作为一座具有生命的博物馆的独特价值。通过对相关技术环节的研究与探索，使得展园成为中国园林博物馆展陈体系中的亮点之一。如大荷载屋顶展园片石山房的建设，解决了大规格苗木垂直吊装运输、屋顶堆叠大型假山的荷载等技术难题，展示了现代园林在防水、排水等方面的先进处理手法，对于相关屋顶项目的营建也提供了一定的参考意义。

参考文献

[1] 汪菊渊 . 中国古代园林史 [M]. 北京：中国建筑工业出版社，2010.
[2] 周维权 . 中国古典园林史 [M]. 北京：清华大学出版社，2009.
[3] 童寯 . 江南园林志 [M]. 北京：中国建筑工业出版社，1984.
[4] 陆琦 . 岭南私家园林 [M]. 北京：清华大学出版社，2013.

清代北京半亩园造园艺术及景观再现

张宝鑫

清代北京半亩园设计精巧，陈设精美，铺陈古雅，风格素雅，空间幽曲，结构曲折，可谓"富丽而有书卷气"。园内叠山理水、花木栽植都别具匠心，为清代中晚期以后北京地区宅园的佳作，因传说其为明末清初文学家和戏剧家李渔所筑，并经园林的重建者完颜麟庆在《鸿雪因缘图记》详细记述，因此成为京师宅园中极负盛名的一座。在研究的基础上，中国园林博物馆在室外展区复原清代半亩园的部分内容，以展示北方地区古典私家园林艺术的精彩。

1 清代北京半亩园的造园艺术

1.1 历史沿革

北京是一个历史悠久的城市，曾作为辽金元明清五代的帝都所在，不但皇家园林建设兴盛，历代文人雅士、官僚贵族、富商豪贾云集，私邸美宅遍布京城内外，曾经出现过大量知名的私家园林，其规模和数量犹在南方的苏州、扬州之上，这些园林在叠山理水、建筑营造和花木配置等方面，形成了大气轩敞而又亲切宜人的风格特色，尤其适合北京地区的地理气候条件，能够很好地满足日常居住生活。同时，园主人多为皇亲国戚和高官巨爵，如元代的官僚贵族，明代的功臣世家和外戚宦官，清代的亲王贝勒等，他们大多文化修养较高，造园时能够做到兼收并蓄，因此对北京的私家造园风格产生了深远的影响[1]。

半亩园原址位于北京内城的弓弦胡同（今黄米胡同）内延禧观对面，始建于清代康熙年间，本为贾膠侯（字汉复）的宅园，相传著名的文人造园家和戏剧家李渔曾参与园林的规划，其所叠假山被誉为京城之冠，因此声名显著，此园在易主后逐渐荒落。清乾隆五年（1740年）该园归于山西籍文人杨静庵所有，其子为商人，一度将该园改为仓库，填平了园内的水池，对园容造成了很大的破坏。其后此园屡易主人，嘉庆年间归于春庆（馥园），曾

经被充作戏院（歌舞场）使用，园林的内容又有很大改变。道光二十一年（1841年），由金代皇室后裔完颜麟庆（号见亭，1791～1846年）购得，他购买此园时正在其江南河道总督任内，于是命长子崇实（字子华，号惕庵）延聘良工重建，绘图烫样均寄往江南由他亲自审定，两年后半亩园重建工程完工，麟庆曾在此园内短暂居住。

麟庆去世后，宅园归其子崇实和崇厚，另加扩建修葺，"堂构日新"，但这时期的园林与麟庆时期园林布局有了较大的调整（图1、图2）。崇实曾作《重修半亩园落成》诗："松护云根竹引泉，林园位置几经年，敢云堂构承先志，聊借琴书谢俗缘。放鹤有亭三径静，鸣蝉在树午阴圆。常年跋涉黄尘里，小憩浑疑别有天"。崇实之后此园传给其子嵩申，半亩园以其藏书和雅集等闻名一时，嵩申曾经与其叔崇厚共同邀请恭亲王奕䜣和大学士宝鋆等来半亩园饮宴，并留下了诗词唱和的作品，此时半亩园仍是京城著名的园林。嵩申之后园传给其子景贤、志贤，由于家道败落，1933年8月志贤将住宅售与黄氏，但是仍然保留园林部分，12月志贤去世后，其子王椿龄将园林部分也全部售出，1947年黄氏后人将宅园又转手给比利时一教会组织，从此改为怀仁学会所在地，教会曾经对园林进行过一定程度的维修，并做了详细的园林记录和研究。1952年8月宅园为政府所接收，1955年收归国有，后逐渐毁败，园景破残颓圮。20世纪70年代整座半亩园被陆续拆除，一代名园就此彻底消失，惜为憾事[7]。

1.2 半亩园之名

《鸿雪因缘图记》是麟庆的代表作品，其私园半亩园也因为该书中的文字描述和图画绘制而得以留存。麟庆将自己得到这座园林视为极有因缘之事，对园中的各个景点题名并介绍其意义，每个景点都有名家或自撰对联，但是在整个书中并没有介绍园名的由来，以至于后人多以为半亩园之名是来自于李渔，但后期园林的记述依据多来源于

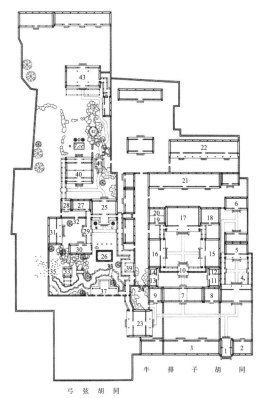

1. 宅门 2. 门房 3. 班房 4. 祖杆 5. 五福堂 6. 佛堂 7. 穿门堂 8. 账房 9. 春雨山房 10. 垂花门 11. 虚舟 12. 惕龛 13. 小凝香室 14. 竹云山馆 15. 东厢房 16. 西厢房 17. 受福堂 18. 心面可修之室 19. 伽蓝瓶室 20. 花好月圆人寿 21. 飞涛迁馆 22. 九间房 23. 水木清华之馆（研经室） 24. 六角形园门 25. 云荫堂 26. 方池 27. 凝香斋（近光阁） 28. 蜗庐 29. 曝画廊 30. 退思斋 31. 海棠吟社 32. 偃凡门 33. 留客处 34. 石拱桥 35. 潇湘小影 36. 小憩亭 37. 玲珑池馆 38. 石板桥 39. 斗室 40. 拜石轩 41. 云容石态 42. 赏春亭 43. 嫏嬛妙境

图 1 清代半亩园平面图（图片来源：贾珺，《北京私家园林志》）

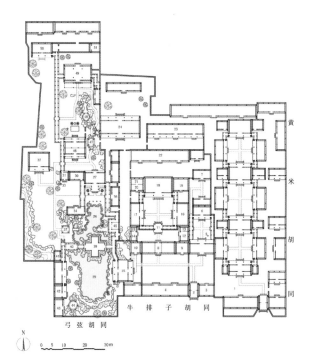

图 2 清末～民国时期半亩园平面图
（图片来源：贾珺，《北京私家园林志》）

《鸿雪因缘图记》，李渔为贾胶侯葺园固不可信，半亩园的园名所自也当存疑。

关于"半亩"的名字，最为有名的出处当是宋代理学大师朱熹的《观书有感》，其中有"半亩方塘一鉴开，天光云影共徘徊"诗句。麟庆的宅园只有半亩（实际约一亩），而且从其半亩营园所绘图可以看出，园内主要的建筑云荫堂前确实有一方形池塘，或为其设计园林时有意为之。

而在麟庆之前，以半亩园为名的还有一位清初的画家龚贤，其在南京清凉山麓所葺的小园名字也叫半亩园。龚贤（1618～1689年），又名岂贤，字半千、野遗，号称柴丈人，与李渔是同时代文人。康熙三年（1664年），龚贤"结庐于清凉山下，葺半亩园。栽花种竹，悠然自得，足不履市井"。龚贤善画山水，画史称龚贤为"金陵八家"之首。龚贤请画家王石谷（王翚）为半亩园绘制园图时，曾以诗赋园，诗中有跋："余家草堂之南，余地半亩，稍有花竹，因以名之，不足称园也。清凉山上有台，亦名清凉台。登台而观，大江横于前，钟阜枕于后；左有莫愁，勺水如镜；右有狮岭，撮土若眉"。半亩园因主人龚贤逐渐出名，清初诗人多有题咏，龚贤作画亦常署款"半亩龚贤"。

麟庆购得位于京城保大坊内弓弦胡同和牛排子胡同之间的贾胶侯旧宅，觉得"因缘天成，何其幸也"。龚贤在南京其居所半亩园中"栽花种竹，悠然自得"，麟庆在"嫏嬛藏书"篇中诗作中有"种竹还栽花"的诗句。此外，作为胡同的名称"弓弦"，发音和"龚贤"相同，是不是因此沿袭不得而知，但在图记中对于园名确实较为吝惜笔墨。且在《惕庵年谱》中说李渔所葺半亩园"久有微名"，"微"字其实说明并没有达到很高的知名度。另外，古代文人雅士多喜欢追寻古迹，麟庆尤其是乐于此，从其《图记》中可以看出，访古是其记述的重要内容，自己的园林因于名人和名园，应是其津津乐道之事。

1.3 造园艺术特征

麟庆时期的半亩园，"垒石为山，引水作沼，平台曲室，奥如旷如"。园林的总体布局自有其独特的章法，在建筑营造、掇山理水和园林配置具有明显的北方私家园林艺术特色。

1.3.1 布局手法

半亩园位于城内闹市之中，面积不大，园名虽曰半亩，其实约近亩许，在这样的小空间里游者只需数步可经之境，便得咫尺山林之意境。造园时巧妙采用间、隔、透、借等手法而形成各呈其妙的多样景观，既有富丽堂皇的厅堂廊轩，又有山林野趣的溪桥池亭。从布局上来说，南区以山水空间与建筑院落空间相结合，北区则为若干庭院空间的组织，寓变化于严整之中。此外，在退思斋屋顶筑台则进一步扩大了空间层次，"近光阁"和屋顶平台以利远眺，丰富了园内的景观视线和内容，由高处可向皇城借景，确是造园艺术的大手笔。

1.3.2 建筑

半亩园内的建筑规模相对较小，但形态丰富，穿插巧妙。园内的主体建筑"云荫堂"，其旁有拜石轩、曝画廊、退思斋、近光阁、赏春亭、凝香室，此外还有嬛嬛妙境、潇湘小影、云容石态、罨秀山房等建筑及景点。园内的建筑"既无雕梁画栋，亦非金银贴配，……至若堂轩廊阁，宅亭室馆，庐榭筱居，均为炕木色或竹节漆饰之"，从描述可以看出整个园子的建筑风格清新素雅。此外，屋顶平台和楼阁的设置丰富了建筑形式和园内的景观内容，其中在处理"退思斋"的建筑朝向，解决冬暖夏凉的技术方面非常有效果，体现了很好的建筑功能设计理念。

1.3.3 叠石

半亩园以石胜，园中假山多集中在退思斋前，嬛嬛妙境以南，拜石轩之东，和最南端水池边，各有巧妙。假山石材以青石为主，并兼有少量太湖石，主要作为单石陈列。退思斋前假山充分与建筑结合，使得室内"夏借石气而凉，冬得晨光则暖"，同时假山还可以作为登临屋顶平台的磴梯，嬛嬛妙境以南的假山模仿嬛嬛山势，假山中开两个石洞，拜石轩之东的假山土石结合，可登高赏景，别有情趣，最南面的假山为土山，上面栽植灌木杂草，极具野趣。

1.3.4 理水

麟庆在推想李渔早期修造此园时有"引水做沼"之语，似乎暗示半亩园园林有活水源头。半亩园的小溪分为二脉，上接石梁，有连绵之意，后期的水池则更有江南风格，池岸山石崎岖，在一块山石上刻有水池的名字，同时在最东端的一块石头上刻有"胜景"二字，石边种植了一棵柳树。后期的半亩园的水源来自于蜗庐西南处的一口井，井边以山石装饰，隐藏水的源头好似自然的泉水，通过地下暗道流向水池。

1.3.5 花木配置

园中的花木栽植和花木盆景均非常别致，根据《鸿雪因缘图记》记载，麟庆时期半亩园中曾栽植有海棠、苹婆（苹果）、石榴、核桃、枣、梨、柿、杏等果树，还有牡丹、荷花等花卉，其他的植物还有紫藤、葡萄、翠竹、古松、垂柳等特色树木点缀，园内的植株虽然不多，却也清荫匝地，淡雅宜人。

1.3.6 楹联匾额

园中楹联匾额很多，且多为名家所书，如"半亩园"

为赵岘宗所书，"潇湘小影"出自成亲王永瑆手笔，"嬛嬛妙境"出自唐贻汾所书，"留客处"一联为著名书画家僧人达受所书。此外，园内的楹联匾额还有一个重要特点，就是多借自江南名园，典雅贴切，既深化了园林意境，又能让人产生对江南园林的联想。

2 半亩园在中国园林博物馆仿建与展示

2.1 复原和展示的意义

中国园林博物馆是我国第一座以园林为主题的国家级专题博物馆，旨在展示中国园林悠久的历史、灿烂的文化、辉煌的成就和多元的功能。在中国园林博物馆筹建初期，确定要在博物馆室外建设三座不同风格的室外展区，并将这三座展园定义为园林实物的展品，主要展示北方风格的园林，同时要呈现出多种风格不同的园林，更加便于游客对不同的造园手法进行比较和认识。经多次论证后，决定建设具备典型性、地域性、不同风格、不同造园手法的展园。其中，为在展陈体系中尽可能地展示历史名园的原貌，从代表性、艺术性和复原的可行性等方面综合考虑，选定了已经消失的清代北京半亩园作为室外仿建的北方平地园林，作为展示北方私家园林的典型案例。

2.2 景点设计

中国园林博物馆室外展园的建设充分考虑了复建的可行性和科学性，选择合适的基址进行场景复原。复建的北京半亩园处于博物馆主建筑的北侧，包含了假山叠石、水池、建筑、植物等园林要素。展园总占地面积1050平方米，总建筑面积404.23平方米。半亩轩榭室外展区的复原设计仅截取园中最具特色的云荫堂庭院，面积约为1200平方米。半亩园景观复原工程设计由北京山水心源景观设计研究院有限公司完成，施工分别由北京市花木有限公司、北京市园林古建工程有限公司完成。

2.3 园内建筑复原

根据相关的历史文献记载，再现了以主厅云荫堂为主

图3　复建半亩园展区效果图

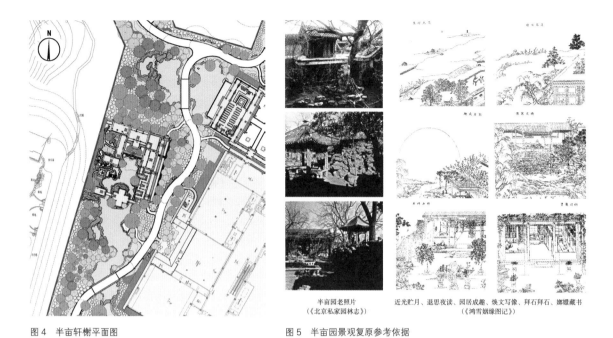

图 4 半亩轩榭平面图

半亩园老照片
（《北京私家园林志》）

近光贮月、退思夜读、园居成趣、焕文写像、拜石拜石、嬛嬛藏书
（《鸿雪姻缘图记》）

图 5 半亩园景观复原参考依据

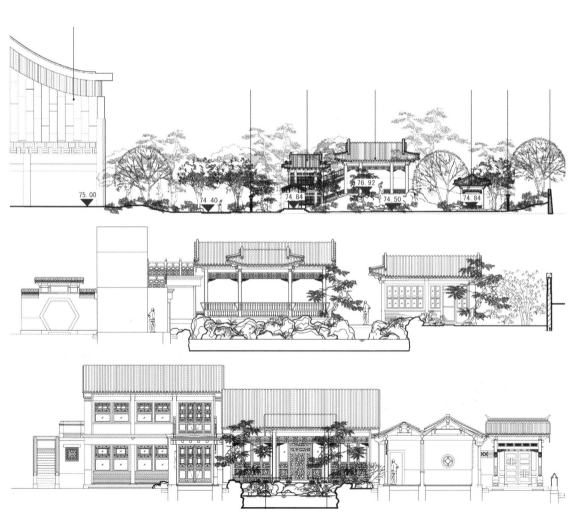

图 6 建筑剖面图

的庭院局部，尽可能地复原旧时场景，复建的园林建筑主要有：

园门：为随墙门，六角形门洞镶嵌着雕石框，上有石匾，刻楷书"半亩园"三字，为赵岷宗于道光二十五年（1845年）所书，并刻诗句"儒宫一亩此为半，半晴高明半清涣，我丈屋之道登岸，地得主人曾绮粲，有先笠翁定称额，书林艺圃推为冠。"

云荫堂：为三开间卷棚建筑，前出一间悬山抱厦。堂前栽植有两株桧柏，有两副楹联，曰"源溯白山，幸相承七叶金貂，哪敢问清风明月；居邻紫禁，好位置廿年琴鹤，愿常依舜日尧天。""文酒聚三楹，晤对间，今今古古。烟霞藏十笏，卧游边，山山水水。"

玲珑池馆：半亩园南端，背靠南墙，面北临水，为三开间敞轩前出抱厦，后面开有漏窗的园墙。后期其形式发生较大变化，成为一座十字形平面的水榭，又名"流波华馆"，联曰"小山流水自今古，画意诗情时有无"。

先月榭：半亩园后期增建的建筑，为荷花池西岸的一座小榭，拓宽水池之后出现的建筑，南邻一座夏室。

退思斋：半亩园海棠吟社之南，为一座三开间平顶书斋，斋南倚假山，有石阶可下，山上古松虬枝盘旋。联曰"逸兴端飞，任他风风雨雨；春光如许，招来莺莺燕燕"。

留客处：退思斋南边一方亭，东接小桥，南接葡萄架，临近曲水幽竹，略有兰亭之趣，联曰"寄兴于山亭水曲，得趣在虚竹幽兰"，"开琼筵以坐花，飞羽觞而醉月"。

近光阁：位于云荫堂之西两层小阁的上层平台上，三开间卷棚建筑，可观赏园外借景。平台与南面的曝画室和退思斋的屋顶相通。近光阁联曰"万井楼台疑绣画，五云宫阙见蓬莱"。

斗室：位于玲珑池馆之东，为二层小楼，其名为斗室，是园中进行宗教活动的密室，楹联曰"翠竹黄花皆佛性，清池皓月照禅心"。

2.4 叠石掇山

由于博物馆展示区场地面积有限，其后面为鹰山，在考虑展区周围的山石与园内假山相互呼应的基础上，进行了重新设计。半亩园展区南部的山石叠水取名为寒碧松云，基调清新淡雅，坡地之上种植白桦，谓之寒碧。跌水周边配以枝型独特的探水松，形成松云。半亩轩榭展区内假山石材以青石为主，兼有少量湖石，主要作为单石陈供。作为主要景观的退思斋旁叠石充分与建筑结合，夏季纳凉之余兼作登临屋顶平台的蹬梯，或模仿山林、仙境，以营造不同的景观情境。

2.5 园林理水

体现中国园林博物馆总体规划"山水静明"的主题，半亩园展区与四季庭前山石叠水相连，以璎珞岩为蓝本，结合山石叠水，以白皮松为特色种植。半亩园展区水体也分二脉，上接石梁，有连绵之意，理水则更具江南风格，池岸驳石崎岖，池边树影婆娑，而井边则以山石装饰，似天然泉水，汩汩而出，并通过地下暗道流向假山和水池。

2.6 花木栽植

根据麟庆《鸿雪因缘图记》记载，清代半亩园中曾种有海棠、苹婆（苹果）、石榴、核桃、枣、梨、柿、杏等果树以及牡丹等花卉，其他的植物还有葡萄、翠竹、古松、老槐、垂柳等点缀，植株虽不多，却也清荫匝地，淡雅宜人。故此植物设计亦栽种原址园林植物，选择易于北方室外生存的植物品种和种类。苗木选择的规格符合《城市园林绿化用植物材料木本苗》DB11/T211—2003的规定，发育端正，丰满，不偏冠，造型姿态优美。展区植物栽植时全部采用全冠苗木，均为带土球栽植，保证了苗木的成活和景观的快速形成，从而更好地满足中国园林博物馆筹建时间短的现实要求，取得了很好的效果。

图7 建筑与山石

图8 水景

半亩轩榭展区苗木表   表 1

序号	名称	规格	实际数量	单位
1	特型垂柳	胸径 20~25 厘米	1	株
2	龙爪枣	地径 15~18 厘米	1	株
3	西府海棠	地径 15~18 厘米	2	株
4	圆柏	高 7~8 米	2	株
5	金镶玉竹	高 2.5~3 米	200	株
6	紫竹	高 1.5 米, 盆径 50 厘米	30	株
7	菲白竹	高 0.3 米, 盆径 40 厘米	50	株
8	品种牡丹	高 0.8~1 米	4	株
9	紫菀 '紫色穹顶'	盆径 15 厘米, 0.3 厘米 ×0.3 厘米	90	3 平方米
10	萱草 '小酒杯'	盆径 15 厘米, 0.3 厘米 ×0.3 厘米	520	17 平方米
11	景天 '秋之喜悦'	盆径 18 厘米, 0.3 厘米 ×0.3 厘米	120	6 平方米
12	玉簪 "金头饰"	盆径 21 厘米	50	10 平方米
13	玉簪 "金鹰"	盆径 21 厘米	50	10 平方米
14	玉簪 "小黄金叶"	盆径 15 厘米	200	7 平方米
15	玉簪 "波叶"	盆径 15 厘米	100	4 平方米
16	矾根 '酒红'	盆径 13 厘米	200	7 平方米
17	紫藤	多年生	2	株
18	荷花蔷薇	三年生	30	株
19	水葱		30	桶
20	香蒲		50	桶
21	慈姑		50	桶
22	再力花		30	桶
23	水生鸢尾	盆径 21 厘米	100	4 平方米
24	金边麦冬	3~5 芽	7500	208 平方米

3 结语

　　由于园林的特殊性，许多历史名园因各种原因消失了，但是园林具有的独特文化属性，在历史长河中留存下大量历史记载，可以作为园林研究的重要文献资料。因此，通过对历史文献的分析，使得历史名园的复原更具有科学性。国内研究者开展了历史名园相关研究，取得了一些很有意义的重要成果，但当前对半亩园的研究尚有很多值得深入的内容，需要继续寻找有关的历史文献，对植物配置、园林建筑等方面的内容做进一步的探讨。中国园林博物馆"半亩轩榭"室外展园，基于相关的研究成果，从展览展示的角度进行了复原，以体现北方私家园林的典型特征，随着对相关历史名园研究的不断深入，展示的历史名园及其相关园林内容将不断调整和丰富。

参考文献

[1] 贾珺 . 北京私家园林志 [M]. 北京：清华大学出版社，2010.
[2] 周维权 . 中国古典园林史 [M]. 北京：清华大学出版社，2010.
[3] 汪菊渊 . 中国古代园林史 [M]. 北京：中国建筑工业出版社，2012.
[4] 贾珺 . 麟庆时期 (1843 ~ 1846 年) 半亩园布局再探 [J]. 中国园林 .2000, 6.
[5] 陈尔鹤，赵景逵 . 北京 "半亩园" 考 [J]. 中国园林 .1991, 12.
[6] 佟裕哲 . 中国园林地方风格考——从北京半亩园得到的借鉴 [J]. 建筑学报 .1981, 10.
[7] 陈从周 . 中国园林鉴赏辞典 [M]. 上海：华东师范大学出版社，2001.

静心斋造园艺术及在三维可视化背景下的解读

李跃超　张宝鑫　庞李颖强

静心斋是清代皇家园林中极负盛名的园中园，具有典型的皇家园林艺术特征，以其相对独立的园林空间，齐备的皇家园林要素，成为我国古典皇家园林艺术中的杰作之一。借助于现代多媒体技术，对中国古典皇家园林艺术特征进行三维可视化研究和解读，通过再现其造园艺术使游客从全新视角、全方位对古典园林进行虚拟游览，能获得常规游览所不能取得的游览体验，使之能对古典皇家园林艺术特征有更为直观、更为深刻、更为全面的认识，这对于传播和展示中国传统园林文化具有重要意义。

1　静心斋概述

1.1　历史沿革

静心斋原为明代普通宫房，清代扩建"西天梵境"即"天王殿"时，于乾隆二十一年（1756 年）开始营建这座小园林，作为皇帝到"西天梵境"时专用的行宫，曾被称为"乾隆小花园"。乾隆二十四年（1759 年）十二月二十五日奏销档中开始称为"镜清斋"。光绪十四年（1888 年）六月二十三日奉宸苑档："领出上交御笔镜清斋等处匾额共七面，沁泉廊、画峰、枕峦亭此三面有宝，抱素书屋、罨画轩、韵琴斋、焙茶坞此四面无宝。"十一月二十六日内务府档："北海安设铁路由阳泽门至极乐世界于本年十二月十三日动工兴修，由极乐世界至镜清斋择于明年正月初十日动工兴修"。工程由海军衙门承办，由镜清斋至中南海铺设 1.5 公里铁轨。民国 2 年（1913 年）夏，袁世凯的外交总长陆徵祥携家眷移居静心斋。嗣后，静心斋归外交部管理，做为接见、宴请外宾之所。民国 30 年（1941 年）9 月，中国留日同学会进驻静心斋内办公。民国 32 年（1943 年）《东亚联盟》月刊社也进驻斋内办公。1949 年北平解放前夕，北京图书馆借用静心斋存放书籍。后由中央文史研究馆使用，国务院参事室也迁入静心斋。1981 年 7 月 7 日，中共中央对首都建设方针提

出的"四项指示"中要求："加强北京市园林建设，以满足北京市广大群众的要求。"根据此精神，1981 年 12 月 30 日，中央文史研究馆和国务院参事室向北海公园管理处交还静心斋全部用地和建筑文物。1982 年 5 月 12 日，修缮后的静心斋正式向中外游人开放。

1.2　园林布局的演变

镜清斋始建于清乾隆二十一年（1756 年），乾隆二十三年（1758 年）大部分建成（图 1），由于南北进深不大，大体运用了周接以廊屋室轩，在所围成的东西长的中部空间兴造山水的造园手法。此园后曾多次修葺，其中最重要的一次是在光绪十三年（1887 年）前后，园中添建了叠翠楼、六孔过水游廊和爬山廊等建筑，并隔出一座跨院供下人使用，从而形成了如今四组庭院的空间格局（图 2），园名在此时期前后更改为"静心斋"。

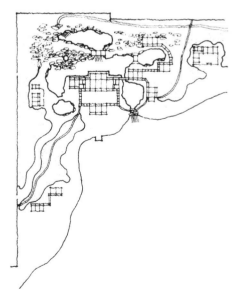

图 1　清乾隆时期镜清斋图

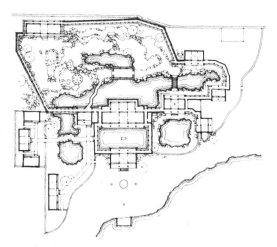

图 2 静心斋平面图

图 4 静心斋鸟瞰图（图片来源：《清代御苑撷英》）

1.3 铁路进入园林的尝试——西苑铁路

清光绪年间，静心斋成为太后、皇帝午休、进膳之所。为方便慈禧太后来往治事，清光绪十四年（1834年），以仪鸾殿瀛秀园为起点，静心斋为终点，修建一条小型铁路，史称"西苑铁路"。这是中国皇家的第一条铁路，也是铁路进入皇家园林的一次尝试（图3）。

2 静心斋造园艺术特征

静心斋全园构成以山池为主，建筑为辅，层次和空间丰富，小中见大，闹中取静。山、水、建筑和植物之间的关系处理巧妙，空间虚实变化多端。园中的山体有自然丰富的地形变换，采用沟、谷、壑、洞等多种形式，营造幽静的氛围；园中的水，被化整为零，分隔为若干既相互独立，又相互连通的小块，以不同的水面为中心，形成了不同的小庭园。园墙随地形起伏而设置，栽种的植物又加强了这种边界围合感，园内几个主要建筑物沿园墙布置，通过半亭等小构筑物将连续的边界打破，从而在小面积中获得大的空间感受。

2.1 立意

乾隆在其镜清斋诗中曾提到"镜清斋"这一园名的由来："临池构屋如临镜，那籍旃摩亦谢模。不示物形妍丑露，每因凭切奉三无"。"旃摩"典出《淮南子》："粉以玄锡，摩以白旃"。诗的大意是说，这里的庭园临水如临明镜，无须拿白毡（旃）敷上锡粉把镜子磨亮，也无须制模铸造，且不只是为了鉴形，重要的是在凭栏望池中映照出主人的心性和品格，就像天无私覆，地无私载，日月无私照那样，去追求高尚的道德。乾隆皇帝不仅欣赏文人园的环境，更追求写意山水园表象下的文人情怀。写意山水园与书斋的功能相结合，产生了"俯流水，韵文琴"的造园立意，这一立意在静心斋内主要建筑的命名中多有体现，如抱素书屋位于镜清斋东侧，是皇帝及太子读书之所，"抱素"出自道教"抱素守一"的思想，书屋以此为名，取少私寡欲以静心之境界（图4）。

2.2 景色组织

静心斋主景靠北，为以假山和水池为主的山池空间，其东南和南面顺时针排布有罨画轩、抱素书屋、镜清斋、

图 3 西苑铁路老照片

画峰室四个相对独立的小庭院空间，彼此之间以建筑、小品分隔，但分隔之中有贯通，障抑之下有渗透，由迂回往复的游廊、爬山廊将之串联，建筑列布山池空间四周，数量虽多，却无喧宾夺主之感，突出山池主景。

静心斋东北长约110米，南北进深70米，面积虽然只有4700多平方米，但山、水及其相互之间的关系处理巧妙，空间虚实变化多端。此园中的山，有自然丰富的地形变换，采用沟、谷、壑、洞等多种形式，营造了虚空恬静的气氛，营造书屋需要的"幽"境。此园中的水，被设计者化整为零，分割为若干既相互独立，又相互连通的小块，以不同的水面为中心，分别再形成若干各有特色的小景区。小庭院罨画轩、抱素书屋、画峰室都是以水池为中心，彼此又相通形成一个完整水系。山与水的结合十分巧妙，横亘东西的两重假山，如马蹄形的屏障，与水池环抱嵌合，余脉深入水中，形成水岸、石矶，使得水面和假山的过渡十分自然。

2.2.1 轴线

静心斋尺度较小，地形偏狭，位处北海公园北墙，但这样的基址劣势并没有顺理成章产生一座"狭园"、"闹园"，静心斋精妙的园林艺术处理使得其获得"咫尺山林"的美誉——东西向长，东西向景观丰富却注重留白，南北向短，南北向增加层次且避免逼仄，解决了基址偏狭的弊端，产生丰富多变的景观。全园景观经过精巧设计，增强了空间的曲折感和层次感，解决了园内南北进深短的弊端，为设计手法上的点睛之笔（图5）。静心斋存在明确的建筑轴线，将前后庭园统一起来，园内每一座建筑的位置都经过周密的考虑，并以几条无形的"线"将它们联结起来，庭园突破了传统的四合院格局，大部分建筑区都朝南布置，不仅光线充足，而且空间也丰富多变；静心斋入口部分虽然严谨对称，但已改变了四合院的形式，它以荷池水面代替了四合院中的院地，两侧厢房改为廊子，富于江南情调，同时也将园外的皇家氛围与园内希望营造的江南私家园林氛围相融合，成为一个巧妙的衔接空间。

图5　静心斋南北轴线

2.2.2 庭院

（1）前庭——镜清斋庭院

由正门进入静心斋，首先是一方规整水院——即全园主建筑镜清斋所在庭院，造型简朴的正门四周用抄手游廊将建筑相连形成。庭院小巧方正，平整紧凑的空间，以方池为造景的构图中心来塑造意境。空间由开旷骤而幽闭，一放一收，大园入小园自然过渡。镜清斋高堂五楹，前廊后厦，斋前为方形水池，驳岸工整，东西长南北短，水池东西两侧是低矮游廊，池南北有园门与镜清斋的檐廊，廊式建筑环池一周形成内向空间。水池中央独置一白色南太湖石，宛若灵芝簇生于水中，池水平静明澈，合"镜"，置石灵动清幽，合"清"，建筑临于静水，"临池构屋如临镜"，方池不仅控制着整个前庭，同时还与院外的太液池、园中次第展开的各庭院水景形成呼应（图6）。

图6　水池

静心斋主庭院的空间由前庭到主院间的空间过渡，先抑后扬，以小衬大，以暗衬明，以规整衬自然，在游园过程中，形成强烈的空间节奏转换，充满了艺术感染力，是全园主景区艺术处理的序曲。正如乾隆诗称："临池构屋如临镜"、"镜影涵虚惬旷怀"、"凭观悟有术，妙理契无为"。整个空间景物使人心领神会"镜清"二字的思想性和艺术性。作为静心斋的前庭，院落空间规整，建筑庄重，气氛肃穆，滤去入园者的浮华之气，敛目静心（图7）。

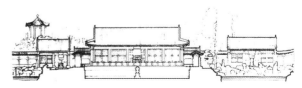

图7　静心斋主庭院剖面图

图 8　主庭院

（2）主庭院

主景区内的建筑虽然不多，但与山水的结合关系却处理得很好。沁泉廊作为景区的构图中心，与正厅的静心斋对应，构成南北向的主轴线。枕峦亭与叠翠楼相呼应，又与东面的汉白玉小石拱桥成对景，从而构成东西向的次轴线。石拱桥、沁泉廊、枕峦亭，自东而西，与西天梵境的琉璃阁同置于一条横向轴线，在构图上彼此呼应，所以又大大加深了空间景物的层次。这几座建筑，既单独成景，又联络周围的山池景物，成为庭院中观景和休憩的绝胜之处（图8）。

（3）东跨院——抱素书屋庭院

镜清斋檐廊东为以抱素书屋为主建筑的东跨院。抱素书屋含前后廊，后廊延入主庭院，与焙茶坞相连，前廊阶下为荷池，池东为韵琴斋，斋南山墙联通半亭碧鲜亭，乾隆御制诗言"书斋颜抱素，潇洒得天然。"东跨院的布局简洁，屋宇连缀于东北，墙垣回环于西南，中间一潭荷池。以抱素书屋为中心的园景立意，正如乾隆御制抱素书屋诗中所言："书斋颜抱素，潇洒得天然"。这为主要用

于读书问典的东跨院，创造了一个十分优雅的环境氛围。于韵琴斋抚琴，"赏心乐事无伦比，妙色真声兼占之"，其怡然自得，不言而喻。东跨院与前庭的规整、庄重、严谨相对比，这里的空间景物则显得自由、灵活；与主院的景物纷华、曲折多变相比，这里的空间景物显得简洁、质朴。和前庭、主院两进庭园的组织结构相比，这里显得疏朗明快（图9）。

（4）西跨院——画峰室庭院

前庭西侧以画峰室为主建筑的西跨院，东邻镜清斋，西接六孔过水游廊。主院中的池水自过水廊，形成西跨院中的池沼，叠石为平桥。一座五开间的西厅，位于池沼的西南角。院东及南面围有粉墙，墙北临近静心斋正门处辟一角门，为西跨院通向园外的出入口。西跨院内植物丰富，小品置石较多，景观感受较为活泼有趣。画峰室北窗外为高耸于假山之上的枕峦亭，山石横峰侧岭，峰列北窗，故而得名画峰室。西跨院通过六孔过水廊桥、叠石平桥的设置，在视线上增加了观赏层次，水流穿桥转成溪成潭，望之深远（图10）。

图 9　抱素书屋庭院

图10 画峰室庭院

2.3 叠山

静心斋内叠石掇山取势磅礴，假山最高处在西北方向，山的主脉蜿蜒到东南面的小庭院"罨画轩"，形成西北高、东南低的地貌，散布山石，仿似山麓余脉。假山北倚宫墙，全部用太湖石叠造，山的西北高，一定程度上为庭园创造了冬暖夏凉的小气候条件。假山的整体气势沉雄峻厚，山中有蹬道盘桓，连接着全园的同行，丰富了游赏的景观内容，并深化了山势的层次感。西南临水处一峰兀起，壁立水面，山巅设置枕峦亭，强化了假山的山形轮廓，增加了巍峨之感，成为全园的重要点景建筑。（图11）。

2.4 理水

静心斋的水体是分散布置的，全园水面划分为四片，主院水源引自园东面的浴蚕河水系，通过地下埋设的暗道输入园内，引至沁泉廊北的山谷间，汇成泉脉溪流。向南穿过沁泉廊下特设的滚水坝，跌落成泉瀑，注入主庭院的荷池中，乾隆御制诗称："回回百道泉，其上三间屋；漾影惟云霞，品声定丝竹"。水再往南流经镜清斋前方池、西跨院及东跨院韵琴斋前荷池，最终汇入太液池。韵琴斋前廊下设有过水处，暗泉滴落，叮咚有声。乾隆御制诗对"阶琴滴暗泉"的情韵有细腻描述："阶下引溪水，雨后声益壮。不鼓而自鸣，猿鹤双清畅。冷冷溶溶间，宜听复宜望。石即钟期同，泉可伯牙况。亦弗言知音，此意实高旷"（图12）。

2.5 建筑

静心斋集中北方的建筑形式楼台亭榭之大全，据《日下旧闻考》记载，清乾隆时期园内有：正门、镜清斋、抱素书屋、韵琴斋、碧鲜亭、画峰室、沁泉廊、枕峦亭、罨画轩、焙茶坞、回廊、石桥及山池等景观内容，后在园中添建了叠翠楼、六孔过水游廊和爬山廊等建筑，并隔出了一座跨院，主要的建筑基本情况见表1。

图11 山石堆叠

图12 理水

静心斋院落建筑一览表　　　　　　　　　　　　　表 1

建筑名称	形制	内容
镜清斋	高堂五楹，面阔五间，前廊后厦	园内主要建筑，斋前为方形规则水池，池中独置一南太湖石，色白如雪，宛若一组灵芝簇生于水中，动势飘逸
抱素书屋		原为乾隆皇帝及皇太子读书处。院中一方自然驳岸水池，环池自北而东点缀抱素书屋、韵琴斋、碧鲜亭
韵琴斋		为听琴处，因园中流水在此汇集成泉瀑，水流之声如抚琴似碎玉而得名
碧鲜亭	四柱卷棚半亭	北面紧贴韵琴斋南山墙，灰筒瓦悬山屋面，东西南三面装楣子坐凳
罨画轩	悬山卷棚建筑	"罨画"有色彩鲜明的绘画之意，乾隆皇帝御制诗云："来凭罨画窗，读画隔岸对"
焙茶坞	硬山卷棚建筑，面阔两间、前后廊	乾隆一生爱茶，有言"君不可一日无茶"，晚年在镜清斋设立焙茶坞
沁泉廊	歇山卷棚形制，桥廊式建筑	南控中轴，北倚丘壑，是静心斋构图中心。此廊横架水面，廊下有滚水坝，曾是帝后消夏纳凉之所
枕峦亭	八角攒尖亭	灰筒瓦屋面，砖雕宝顶，精巧美观，耸立于太湖石山峰上，乾隆皇帝赞誉其为"莲朵珠宫"。园林讲究高就山、低挖湖，叠山高处再建亭，山更高，亭更挺
叠翠楼	歇山卷棚建筑	光绪十一年（1885 年）建成，楼上所悬匾额为慈禧亲书。首层前出廊，二层周围廊，是园内的最高建筑
游廊	爬山廊	连接静心斋主要建筑的纽带，随假山高低变化起伏迂回，给人一种山外有山，楼外有楼的无尽之感
画峰室	前后廊、硬山卷棚建筑	北窗外便是枕峦亭下的叠石，呈现出一幅峰列北窗的秀丽景致，画峰室也因此得名
小玉带桥	汉白玉石券桥	于抱素书屋正北水池上，花岗岩桥墩，青白石侧墙，桥两侧为靠山兽式抱鼓
石曲桥	五孔五折曲桥	黄岗岩桥墩，青石条桥面

2.6 植物

静心斋内的植物种类和数量不多，但是确有郁郁葱葱之感，四时之景各异。园内树木主要集中在西北部假山之上，高大的树木与山石造型平衡协调，楼前斋后雅竹丛生青翠，积淀着深厚文化意韵，后院柏树葱翠，体现出皇家园林的气派，海棠、迎春的应用体现了"玉堂春富贵"的特色，主景区的长廊由上向下望去，红枫的运用起到了画龙点睛的作用（图 13）。

图 13　植物配置

2.7 楹联匾额

静心斋的牌匾属于矩形横匾中最简洁的形式"黑漆金字一块玉",即在长方形黑漆板上刻字描金。园内牌匾书法形式多样:乾隆时代园林中以乾隆书法应用最多,字体稍长,点画圆润均匀,结体婉转流畅,如"抱素书屋"匾;此外,乾隆时期匾联书法也常用馆阁体,即在楷书基础上,以赵孟頫书法风格为主演变而来,其字体工整规范、易于识别、乌黑、方正、光洁,如"焙茶坞"、"罨画轩"等;"镜清斋"匾额相传为乾隆亲书。楹联与匾额一样反映了园林的文化内涵,静心斋内各个建筑内楹联文字内容总结见表2。

静心斋对联一览表　　　　　　表2

建筑名称	形式	联文内容
镜清斋	楹联	照槛净无尘,风来水面　开帘光有象,月印波心
	楹联	凭观悟有术　妙理契无为
	室内匾	不为物先
	西壁联	庭余松竹足消夏　架有诗书藉讨源
	东室联	图书左右怡情久　翡翠兰苕浴浪鲜
	后轩联	峰姿攫翠人澄照　镜影涵虚惬旷怀
抱素书屋	楹联	地学蓬瀛尘自远　身依泉石兴偏幽
韵琴斋	楹联	赏心乐事无伦比　妙色真声兼占之
	楹联	爽澄兰沼波吹细　风渡松林籁泛轻
罨画轩	楹联	花香鸟语无边乐　水色山光取次拈
	西室内匾	标青(今存)
	东室内联	一室之中观四海　千秋以上验平生(今存)
画峰室	楹联	花香鸟语无边乐　水色山光取次拈

3　皇家园林艺术特征在三维背景下的解析

传统园林艺术的解读一般都是借助于文献,同时通过实地测量和测绘等进行分析从而绘制平面图、立面图和剖面图。从清代开始皇家园林建筑过程中出现了制作烫样等立体模型,对于分析古典皇家园林艺术特征具有非常明显的优势,但是受到测量条件的限制,尺寸误差不确定,跟实际会有一定的偏差而且能够采集到的园林信息相对较少(图14)。

图14　三维展示鸟瞰效果

3.1 三维视角的解读优势

3.1.1 三维视角下的园林全景展示

采用三维激光扫描技术,实现对整个园林的全覆盖,扫描后经过数据转化和加工,能形成整个园林的三维展示系统。从三维图中能对园林的空间布局、山形水势、建筑分布、道路系统等有比较全面的整体认识。古典皇家园林由于园林要素多、造园比较复杂,游客在常规游览中往往会"身在园中不知园",缺乏对园林的整体认识。采用三维视角俯瞰全园,便能迅速对园林有一个全面认识。

3.1.2 园林要素的全方位展示

三维视角下可以对建筑、山石等园林要素实现360°、自上而下的任意角度欣赏,从而对单体有全面的认识,避免"只见局部、不见整体"的局限性。常规游览只能以单面的视角去欣赏,如六面亭在任一角度都只能看到三面,三维视角下可以360°旋转,可以从顶上俯瞰等,从而对六面亭有整体认识,这正是普通游览达不到的效果,这种解读和展示方式对园林来说非常有意义(图15)。

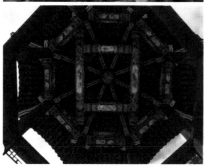

图15　全方位的展示

3.1.3 园林景观的最佳展示

三维可视化使得虚拟游览可以在任意点、以任意角度显示景观效果,从而获得最佳视角。常规游览只能在道路上行走,达到步移景异的效果。虚拟游览则可以在空中飞、在水中游、在山上爬、在屋顶上走,达到"飞檐走壁"、"任性看",形成独特的视觉效果,这是普通游览所望尘莫及的,开启了皇家园林全新的游览方式(图16)。

图 16 获得不同视角

图 17 具有真实感的展示

图 18 细部展示

3.1.4 园林的真实展示

三维可视化影像建立在激光扫描的基础上，数据真实、方法科学，虽然是虚拟游览，但能给人以真实的体验和感受，通过三维化的展示模式能够达到与实地游览相同的效果（图 17）。

3.2 三维可视化背景下皇家园林艺术特征展示特点

3.2.1 将看不到的展现出来

园林中常规游览只能局限于在道路上观赏，对屋面、建筑物背面等很多地方是目所不能及的。采用虚拟游览可以俯瞰屋面，通过多角度的视角，直观而方便地认识园林建筑的卷棚屋面以及硬山、歇山等建筑类型（图 18）。

3.2.2 将隐性的彰显出来

中国古典皇家园林的造园技法讲究虚实结合、隐现结合，一般在常规游览中很难发现隐性的元素。采用三维游览可以发现探索隐藏的造园手法，如理水从水源头循到水尽头，从而更好地理解园林的艺术特征（图 19）。

3.2.3 将易忽视的凸显出来

中国古典皇家园林非常讲究细节，这是常规游览非常容易忽视的，如彩画、纹饰等细部特征，通过三维虚拟游

图 19　隐形部分展示

图 20　突出显示

览可以近距离欣赏这些细节，从而领会中国古典园林博大精深的文化内涵和造园技艺（图 20）。

4　园林空间布局的三维解析

4.1　园林布局的三维解析

皇家园林是空间的艺术，传统视角下只能看出大体布局，而在三维视角下尺度、轴线等能更好地展示出来，可

以随意变换观察的视角，而且借助于三维信息里的尺寸信息，不同的园林空间的比例关系等都可以解读。此外，利用三维扫描的点云数据生成相关的图纸将非常精准，借助于三维可视化系统还可以从不同视角定量分析园林的空间关系（图 21、图 22）。

4.2　园林空间的三维解析

采集皇家园林原真性三维数据后，能够借助于这些数

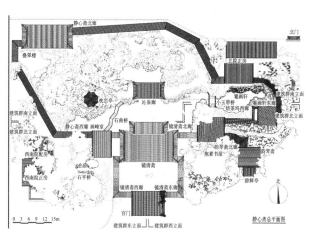

图 21　根据点云数据生成平、立、剖面图及整体图纸

图 22　由点云数据转换后生成的展示模型

图 23　由测绘和点云生成的剖面图

据对园林的不同空间进行分析，得出一些常规手段无法直接测量的数据，如轴线、整个景区的剖面等，而且通过院落空间的漫游能够更好地感受园林空间的魅力（图 23）。

4.3 园林要素在三维背景下的解读方式

4.3.1 园林建筑

园林建筑具有多种维度，常用的是平面、立面和剖面，在三维背景下，可以有更多的面和细节来研究和展示皇家园林建筑的精美（图 24、图 25）。

4.3.2 山石

园林置石则手法多样，可沿路边点缀，打破路面的单调感，增加造园意趣；也可在水边置石，与倒影相映，形成美景。沁泉廊两侧的龟蛇相望的湖石，形神兼备，三维视角下更为逼真，给人以无尽的想象力，可谓匠心独具（图 26、图 27）。

4.3.3 水体

水是中国古典皇家园林中重要的造景元素，或动或静，园林中通过瀑布、溪、涧、池、潭等形式形成动静相结合的情境。沁泉廊下利用水流高差形成小型瀑布，造就流动的景观。静水则任由天光云影共徘徊，增强水面的空间感。鱼儿在水中嬉戏，则给静水增加了灵动（图 28）。

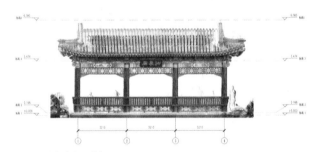

图 24　沁泉廊点云数据

图 25　建筑细部展示

图 26　山石堆叠的点云数据

图 27　龟蛇相望之龟石

图 28　园林水体

图 29　园林植物展示

4.3.4 植物

园林植物有不同的类型，体现了季相景观。落叶植物选择往往注重春有花、夏有荫、秋有色、冬有姿，竹、柏、枫等植物都在皇家园林中有所应用。植物与其他园林要素如山石和建筑相配，更能突出其色彩与姿态（图 29）。

5　结语

园林是中国传统文化的重要组成部分，通过现代技术对传统文化遗产进行研究，具有重要的现实意义。研究将中国古典皇家园林艺术特征在三维背景下进行挖掘、归纳和解读，在此基础上可以系统分析和总结中国古典皇家园林的发展和文化艺术特征，从而更好地探讨古典皇家园林在新技术背景下艺术特征可视化表达的途径和方式。

参考文献

[1] 北京园林局 . 清代御苑撷英 [M]. 天津：天津大学出版社，1990.

[2] 周维权 . 中国古典园林史 [M]. 北京：清华大学出版社，1992.

[3] 汪菊渊 . 中国古代园林史 [M]. 北京：中国建筑工业出版社，2006.

晚明秦燿寄畅园复原研究

黄晓　刘珊珊

无锡寄畅园始建于明嘉靖六年（1527年），初名凤谷行窝，其后经历过多次改建，对园貌影响最大的有两次，分别在明万历年间和清康熙年间，前者由秦燿主持，后者由秦德藻、秦松龄父子主持。据秦松龄编纂的《无锡县志》记载："园成，而向之所推为名胜者，一切遂废。厅事之外，他亭榭小者，率易其制而仍其名，若知鱼槛之类也。又引二泉之流，曲注层分，声若风雨，坐卧移日，忽忽在万山之中。"[①]可知康熙年间的改建动作很大，对建筑、山水皆有变动，奠定了今天寄畅园的格局。这次改建可以借助寄畅园的现状进行研究，而万历年间的改建则需要通过复原研究来展开。秦燿时期留下了大量的诗文、图画，为今天了解明代寄畅园的格局提供了重要材料。对秦燿寄畅园的复原研究，既为探讨晚明的造园活动提供了一项重要实例，也有助于深化理解历史名园变迁的过程和意义。

1 复原依据

秦燿（1544～1604年）字道明，号舜峰，隆庆五年（1571年）登张元忭榜进士，历任翰林院庶吉士，刑、兵、礼、吏诸科给事中，太常、太仆、光禄寺卿，都察院右佥都御史，万历十四年（1586年）巡抚南赣，万历十七年（1589年）升都察院右副都御史，督抚全楚。他早期的仕途可谓一帆风顺，但也因此招来了疑忌，万历十九年（1591年）遭人构陷罢官，次年返回无锡。当时凤谷行窝已荒废多时，他回乡后不久就开始了旧园的改筑。王穉登《寄畅园记》称："中丞公既罢开府归，日夕徜徉于此，经营位置，罗山谷于胸中，犹马新息聚米

然，而后畚锸斧斤，陶治丹垩之役毕举，凡几易伏腊而后成"[②]。这篇园记作于万历二十七年（1599年）夏，从万历二十一年（1593年）春算起，这次改筑经历了6年多时间。

工程告竣后秦燿将园名改为"寄畅园"，自题《寄畅园二十咏并序》，并请三位名家撰写园记，即王穉登《寄畅园记》、屠隆《秦大中丞寄畅园记》和车大任《寄畅园咏序》，此外还请宋懋晋绘制《寄畅园五十景图》，可见秦燿对改筑寄畅园之重视。就复原研究而言，这些材料以王穉登《寄畅园记》和宋懋晋《寄畅园五十景图》最为重要，是进行复原研究的重要依据。

1.1《寄畅园记》版本辨析

王穉登《寄畅园记》在三篇园记中写作时间最早，对园景的描述也最详细，基本是一步一景，按游赏顺序对寄畅园进行全面记录。这篇园记目前共见三种版本，一是收在明崇祯《锡山景物略》中由原记删减而成的《王穉登记略》[③]，二是首见于清乾隆十六年（1751年）《无锡县志》并为历代县志所沿用的王穉登《寄畅园记》[④]，三是录自嘉庆六年（1801年）秦震钧（1735~1807年）《寄畅园法帖》的《寄畅园记》[⑤]。有趣的是，这三版园记的内容并不全同。明《王穉登记略》是删略本，暂且不提。《无锡县志》与《寄畅园法帖》收录的都是全本，比较发现，这两版园记只有五个字不一样，这五个字都是方位词，因此虽然差别极小，却非常关键。到底哪个版本是明代王穉登的原文？这决定了研究时以何版为准，来对《寄畅园五十景图》进行解读。下面按年代顺序将三版园记的不同之处摘录如下（表1）。

① （清）徐永言修 . 秦松龄、严绳孙纂 . 康熙无锡县志，卷7. 康熙二十九年刻本 .
② （清）王镐修 . 华希闵等纂 . 乾隆无锡县志，卷15. 乾隆十八年刻本 .
③ （明）王永积 . 锡山景物略，卷四 . 无锡文献丛刊6. 台北：台北市无锡同乡会，1983 .
④ （清）王镐修 . 华希闵等纂 . 乾隆无锡县志，卷15. 乾隆十八年刻本 .
⑤ 秦志豪 . 锡山秦氏寄畅园文献资料长编 . 上海：上海辞书出版社，2009：146–152.

崇祯朝、乾隆朝、嘉庆朝《寄畅园记》比较　　表1

明末·锡山景物略·卷四·寄畅园·王穉登记略	乾隆十六年·无锡县志·卷十五·园亭·王穉登寄畅园记	嘉庆六年·寄畅园法帖·寄畅园记
署曰寄畅，……折而**东**为扉，曰清响，……循桥而**南**，复为廊，……阁东曰栖玄堂，……堂北地隆然如丘，……涵碧之**西**，楼岿然隐清樾中，曰环翠	辟其户北向，署曰寄畅，……折而**西**为扉，曰清响，……循桥而**南**，复为廊，……阁东有门入，曰栖玄堂，……出堂之**北**，地隆然如丘，……涵碧之**西**，楼岿然隐清樾中，曰环翠	辟其户东向，署曰寄畅，……折而**北**为扉，曰清响，……循桥而**西**，复为廊，……阁东有门入，曰栖玄堂，……出堂之**东**，地隆然如丘，……涵碧之**东**，楼岿然隐清樾中，曰环翠

　　五个方位词中最重要的是第一个，即园门的朝向，是《县志》的"*辟其户北向*"，还是《法帖》的"*辟其户东向*"？若能考证出万历年间园门的朝向，也就能够明确应以哪版园记为准。

　　目前学界普遍采用的《寄畅园记》——陈从周《园综》、陈植《中国历代名园记选注》、秦志豪《锡山秦氏寄畅园资料长编》，都是根据第三种，即秦震钧《寄畅园法帖》（图1）。《法帖》刻于嘉庆六年（1801年）四月，其中的《寄畅园记》据说是根据王穉登手书刻成。原石已毁，现有刻石是依据原石拓本刻成。

　　三版园记中该版时间最晚，今人之所以倾向于以它为准，大致有两个原因。一是传世园图以乾隆年间《南巡盛典》"寄畅园图"最著名，图中清楚画着园门朝东，此后嘉庆年间麟庆《鸿雪因缘图记》"寄畅攀香"，民国年间童寯步测的寄畅园平面及寄畅园的现状都是东向开门（图2），与该版"辟其户东向"的记载相合。二是该版园记有刻石为证，当初又说明是按手书真迹摹刻，其他两版则印在纸上。在人们心中，似乎刻在石头上的天然就比印在纸上的更可信。

　　但事实并非如此。考察发现，版本、园图、园诗提供的证据其实都更支持"*辟其户北向*"。

　　首先，从版本看，乾隆《无锡县志》刻于乾隆十六年（1751年），《寄畅园法帖》刻于嘉庆六（1801）年，前者早于后者。《锡山景物略》更早，刻于崇祯年间，删减后的《王穉登记略》，五个有争议的方位词仅存四个，但其中三个与《无锡县志》一致，而与《寄畅园法帖》无一相同。

　　其次，乾隆年间寄畅园园门确已朝东，但并不表示万历年间也朝东。绘于万历年间的《寄畅园五十景》，最后一幅是全景图（图3），图中后面为锡山，上有一木一石两座塔，右侧是惠山，正面朝向观众是园门和门前的开阔场地。从整体环境看，所绘园门为北向。

　　最后，万历二十六年（1598年）春，安希范游寄畅园，作《秦中丞园》，首句"辟门通绿野，拓境亘青岑"①向我们提供了一条重要信息。万历二十七（1599年）年成书的《惠山古今考》卷首有"九龙山图"（图4），图中左侧为锡山及山顶龙光塔，主体为惠山，向右延绵，以"回环如掉尾"的龙尾陵道收束，陵道周遭绘有一片沃野。这片沃野直到二十世纪八十年代还在，黄茂如《无锡寄畅园》记载："（寄畅园）北墙之外是平坦沃野，一派田园景致。"②安氏所谓"辟门通绿野"，显然应是"辟其户

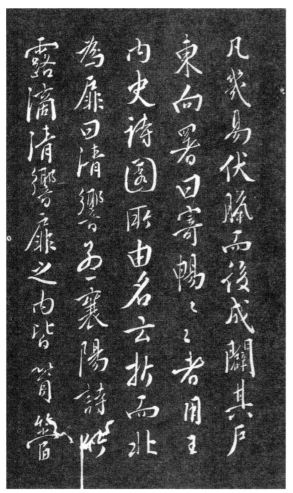

图1 《法帖》所刻王穉登《寄畅园记》（图片来源：文献[1]：147页）

---

① （明）安希范.天全堂集.卷四.乾隆四十六年刻本.
② 黄茂如.无锡寄畅园.北京：人民日报出版社，1994：42.

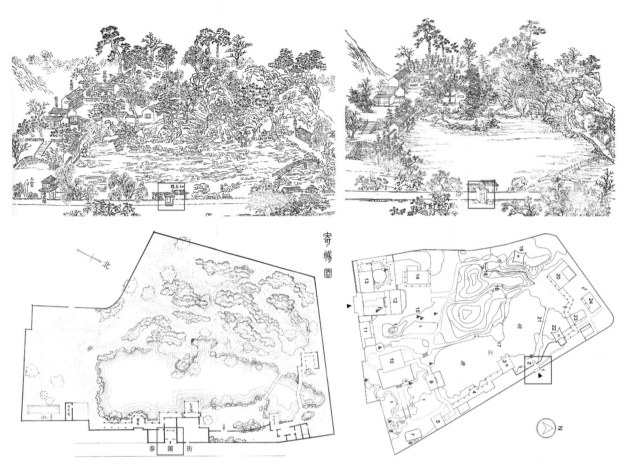

图2 左上:《南巡盛典》寄畅园图;右上:《鸿雪因缘图记》"寄畅攀香";左下:《江南园林志》寄畅园平面图;右下:寄畅园现状平面图

北向",才可能通向绿野。

乾隆《无锡县志》与《寄畅园法帖》两篇园记的一篇显然被特意改动过,改动的是哪一篇?由乾隆《南巡盛典》图可知,至少到乾隆初次南巡时,寄畅园园门已经朝东。《县志》与《法帖》皆成书于其后,也就是说,两书编撰时园门为东向。主纂县志的华希闵与摹刻《法帖》的秦震钧都是无锡人,对寄畅园都非常熟悉。如果说有一人改动过园记,只可能是秦震钧将原记的"北向"改作符合当时园貌的"东向",而不可能是华希闵把原记的"东向"改作"北向",因为他们看到的园门都是朝东的。文献中保留的"辟其户北向"其实暗示了一个历史信息:即必然有一个时期,寄畅园园门是朝北的。这个时期便是秦耀时期。对万历年间寄畅园的复原应以乾隆《无锡县志》所收王穉登《寄畅园记》为准。

1.2 《寄畅园五十景图》小考

将乾隆《无锡县志》所收园记与宋懋晋《寄畅园五十景图》对照发现,图中各景的顺序与园记的游赏顺序基本

图3 (宋)懋晋,《寄畅园五十景图》之全景图

图4　九龙山图（图片来源：文献 [5]，卷首）

一致，按记中方位将各景联系起来也非常顺畅。《法帖》所收园记与这套园图的契合度要低很多。因此虽然2007年这套图册已经出版，但由于没有选择正确的园记作为参照，始终无法对秦燿时期的寄畅园作出复原。

《寄畅园五十景图》的绘制时间未见记载，考虑到园图与园记间的密切关系，推测应绘于王穉登作记后不久。万历二十七年（1599年）夏，众人在寄畅园观赏《昙花记》，邹迪光作"五月二日，载酒要屠长卿暨俞羡长、钱叔达、宋明之、盛季常诸君，入慧山寺饮秦氏园亭。时长卿命侍儿演其所制昙花戏，余亦令双童挟瑟唱歌，为欢竟日，赋诗三首"[1]，题中的宋明之便是宋懋晋。当时寄畅园刚建成，园诗、园记都已具备，尚欠园图，因此宋懋晋的在场恐怕并非偶然，很可能正是应邀为绘园图而来。

《寄畅园五十景图》属于册页，每页描绘一景。册页中表现的园林，就像一系列经过精心设计的景致的集萃，观者从一景跳跃到另一景，景致间缺少相关性和连续性，

便于单独欣赏，却不易使观者对园林有整体的把握。因此直观再现园景的册页通常要与记录游览顺序的园记配合，才能最大程度地发挥各自的作用。下文的复原研究，主要便是借助王穉登《寄畅园记》和宋懋晋《寄畅园五十景图》提供的文字、图像证据。

2　复原研究

王穉登《寄畅园记》是从寄畅园北门进入，在园内环游一周，到园北环翠楼为止，恰好对应《寄畅园五十景图》的前二十八景。下面将园记的游园文字与园图前二十八景依次列出，并将秦燿《寄畅园二十咏》附于相关各景之后，据此来复原明万历年间的寄畅园（表2）。

借助表中的图文资料可以绘出秦燿时期寄畅园的复原示意图（图5），与之相比，现在的寄畅园既有传承与延续，也有不少改变（图6）。

王穉登《寄畅园记》、秦燿《寄畅园二十咏》及宋懋晋《寄畅园图册》　　　　　　　　　　　表2

1—石丈：辟其户北向，署曰寄畅，寄畅者，用王内史诗，园所由名云
2—停盖
3—清响：折而东（西）为扉，曰清响，孟襄阳诗：竹露滴清响；扉之内，皆篔筜也（清响斋：绕屋皆篔筜，高斋自幽敞。时和寒泉鸣，泠泠滴清响）
4—采芳舟：下为大陂，可十亩。青雀之舳，蜻蛉之舸，载酒捕鱼

1　　　　　　　　　　2　　　　　　　　　　3　　　　　　　　　　4

① （明）邹迪光.郁仪楼集，卷23.四库全书存目丛书·集部.第158册。《郁仪楼集》卷22有《己亥元日试笔二首》，己亥即万历二十七年（1599年）；卷23有"往予视学楚中，俞羡长来游荆湘，把臂累月。逮余中馋家居业十年所，而羡长始束削缑东归，访余梁鸿溪上……"以及《五月二日》诗紧随其后。从万历十七年（1589年）邹迪光自楚罢官算起，到万历二十七年（1599年）恰为"十年所"，可知此诗作于万历二十七年。

5—锦涟汇：往来柳烟桃雨间，烂若绣缋，故名锦汇漪，惠泉支流所注也（锦汇漪：灼灼天桃花，涟漪互相向。水底烂朱霞，林端日初上）

6—清籁：长廊映竹临池，逾数百武，曰清籁（清籁：竹光冷到地，慢卷湘云绿。隔坞清风来，声声夏寒玉）

7—雁渚

8—知鱼槛：籁尽处为梁，屋其上，中稍高，曰知鱼槛，漆园司马书中语（知鱼槛：槛外秋水足，策策复堂堂。焉知我非鱼，此乐思蒙庄）

5　　　　　　6　　　　　　7　　　　　　8

9—花源

10—霞蔚：循桥而南，复为廊，长倍清籁，古藤寿木荫之，云郁盘。廊接书斋，斋所向清旷，白云青霭，乍隐乍出，斋故题霞蔚也

11—先月榭：廊东向，得月最早，颜其中楹为先月榭（先月榭：斜阳堕西岭，芳榭先得月。流连玩清景，忘言坐来夕）

12—凌虚阁：其东南重屋三层，浮出林杪，名凌虚阁。水瞰画桨，陆览彩舆，舞裙歌扇，娱耳骀目，无不尽纳槛中（凌虚阁：飞甍耸碧虚，临下如无地。九阊若可扪，从此吁上帝）

9　　　　　　10　　　　　　11　　　　　　12

13—卧云堂：阁之南，循墙行，入门，石梁跨涧而登，曰卧云堂，东山高枕，苍生望为霖雨者乎？（卧云堂：白云已出岫，复此还山谷。幽人卧其间，常抱白云宿）

14—邻梵：右通小楼，楼下池一泓，即惠山寺门阿耨水，其前古木森沉，登之可数寺中游人，曰邻梵（邻梵阁：高阁临招提，天花落如雨。时闻钟梵声，维摩此中住）

15—箕踞室：邻梵西北，长松峨峨，数树离立，箕踞室之，王中允绝句诗也

16—含贞斋：傍为含贞斋，阶下一松，亭亭孤映，既容贞白卧听，又堪渊明独抚（含贞斋：盘桓抚孤松，千载怀渊明，岁寒挺高节，吾自含吾贞）

13　　　　　　14　　　　　　15　　　　　　16

17—藤萝石：松根片石玲珑，可当赞皇园中醒酒物

18—盘桓：主人每来，盘桓于此

19—鹤巢：出含贞，地坡陀，垒石而上，为高栋，曰鹤巢，亦王中允诗语

20—栖玄堂：阁东有门入，曰栖玄堂，堂前层石为台，种牡丹数十本，花时中丞公燕余于此，红紫烂然如金谷，何必锦绣步障哉！堂后石壁依墙立，墙外即张祐题诗处，茫然千古，沧耶！桑耶！漫不可考矣（栖玄堂：独抱违时蕴，幽栖岁月深。太元犹未草，我异子云心）

17　　　　　　　18　　　　　　　19　　　　　　　20

21—爽台：出堂之北，地隆然如丘，可罗数十胡床，披云啸月，高视尘埃之外，曰爽台（爽台：晓起盼青苍，天空绝尘块。排闼两山开，轩窗致高爽）

22—小憩：台下泉自石隙泻沼中，声淙淙中琴瑟，临以屋，曰小憩

23—悬淙：拾级而上，亭翼然峭倩青葱间者，为悬淙（悬淙涧：淙淙乳泉落，涧道石林幽。寻声穷其源，杖履多三休）

24—曲涧：引悬淙之流，凿为曲涧，茂林在上，清泉在下，奇峰秀石，含雾出云，于焉修禊，于焉浮杯，使兰亭不能独胜

21　　　　　　　22　　　　　　　23　　　　　　　24

25—飞泉：曲涧水奔赴锦汇，曰飞泉，若出峡春流，盘涡飞沫，而后汪然渟然矣（飞泉：雨溢忽飞泉，泉流注深谷。我欲往从之，褰裳濯吾足）

26—桃花洞：西垒石为洞，水绕之，栽桃数十株，悠然有武陵间想

27—涵碧亭：飞泉之浒，曲梁卧波面，如蟒蜿蜒蜿蜒，以趋涵碧亭，亭在水中央也（涵碧亭：中流系孤艇，危室四无壁。微风水上来，衣与寒潭碧）

28—环翠楼：涵碧之西，楼岿然隐清樾中，曰环翠。登此则园之高台曲池，长廊复室，美石佳树，径迷花、亭醉月者，靡不呈祥献秀，泄密露奇，历历在掌，而园之胜毕矣（环翠楼：登楼展幽步，俯见林壑美。落日凭阑干，当窗四山翠）

25　　　　　　　26　　　　　　　27　　　　　　　28

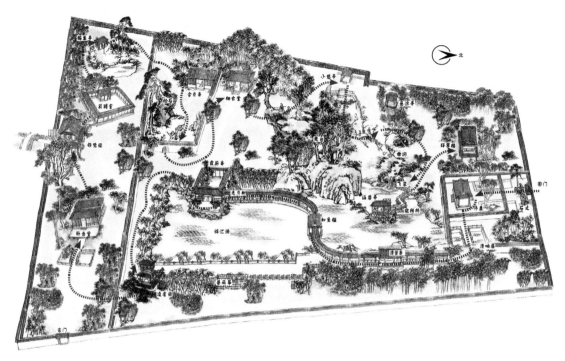

图 5　秦燿寄畅园复原图（图片来源：黄晓 复原，于继东 绘）

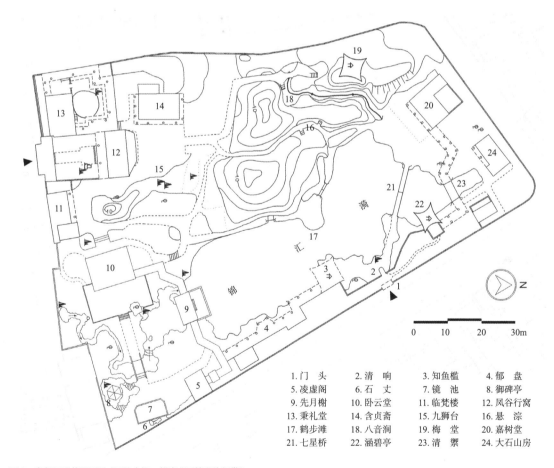

1. 门 头	2. 清 响	3. 知鱼槛	4. 郁 盘
5. 凌虚阁	6. 石 丈	7. 镜 池	8. 御碑亭
9. 先月榭	10. 卧云堂	11. 临梵楼	12. 凤谷行窝
13. 秉礼堂	14. 含贞斋	15. 九狮台	16. 悬 淙
17. 鹤步滩	18. 八音涧	19. 梅 堂	20. 嘉树堂
21. 七星桥	22. 涵碧亭	23. 清 籞	24. 大石山房

图 6　寄畅园现状平面图（图片来源：锡惠公园管理处提供）

3 园林布局

秦燿的改筑奠定了寄畅园的基本格局，即"南宅北园"。从复原示意图（图5）可以看出，南部以起居为主，建筑较多，有堂阁斋室等，生活性强；但在西南箕踞室、鹤巢一带又有池有竹，布置相对自然。北部以游赏为主，主体是一池一山，建筑较少且布置分散，主要作为点景或赏景之用；但在北部入口处又有规整的庭院。南、北两区各有独立的入口，其间以垣墙相隔，墙上辟门相通。两区之间整中有散、散中有整，既各具特色，又彼此呼应，如一幅太极图，虽分阴阳而又互补。

3.1 南部起居区

南部起居区的入口在东南，是园林的后门。入门正对一座方池，上架石桥，桥侧、池边护以石栏。过桥便是园中正厅卧云堂，采用勾连搭歇山顶，共三进。卧云堂内部很宽敞，"前后层轩，可容数十席"，是园中举行正式宴会的场所，与堂东的方池、石桥和园门在同一轴线上，共同构成起居部分的前堂空间（表2：图13）。无论从位置还是体量看，卧云堂都有很强的控制力，是起居部分的主体建筑。

卧云堂西边是起居区的后室空间，相对私密，主要有箕踞室和含贞斋两组建筑。

箕踞室东部以回廊围成合院，西临曲池，池畔植有古松、丛竹等，隔池垒石为山，上建鹤巢亭。一室一亭夹一池，共同构成一处僻静之所（表2：图15）。中间的水池是惠山泉入园后汇聚而成，为今日秉礼堂北部水池的前身（图7）。水面不大，与北区的锦汇漪大池形成对比，同时又通过暗流进入锦汇漪，为其源头之一。秦燿《寄畅园二十咏》第一首为《嘉树堂》："嘉木围清流，草堂置其

上。周遭林樾深，倒影池中漾。"五十景图中没有这一景。结合诗意，推测诗中的嘉树堂便是箕踞室。箕踞室周围"长松峨峨"，环绕着曲池，与诗中的嘉木、清流相合；这里古木繁茂，池中映出房屋和树木的倒影，格外幽深。

箕踞室往北，墙上辟门通向一处相对独立的庭院，是主人的书房含贞斋，斋前小山上有一松一石。这处斋院最受园主钟爱，王穉登写道："阶下一松，亭亭孤映，既容贞白卧听，又堪渊明独抚。松根片石玲珑，可当赞皇园中醒酒物。"简单的一松一石，连用了三个典故：陶弘景（贞白）的"特爱松风，每闻其响，欣然为乐"，陶渊明的"抚孤松而盘桓"和李德裕"醉即踞之，最保惜者"的醒酒石。宋懋晋也为其连绘了三幅册页：先是一幅全景俯瞰，主人坐在斋内正中，望着庭前"岁寒挺高节"的孤松和巨石；然后是两幅特写，分别表现巨石和主人"盘桓抚孤松"的情节（表2：图16～图18）。

南部起居区共绘有六景八图（表2：图12～图19），除上面讨论的一堂一室一斋，还有两阁一亭，即凌虚阁、邻梵阁与鹤巢亭。堂、室、斋都有具体的使用功能，相对内向；阁与亭则重在处理园林与外部环境的关系，较为外向。

凌虚阁位于寄畅园东南角，邻近惠山寺山门，"重屋三层，浮出林杪"，是园内层数最多的建筑。晚明的郊游之风很盛，锡、惠两山是无锡名胜，风景秀美，又有惠山寺这座六朝古寺，因此游人络绎不绝。在凌虚阁中可以"水瞰画桨，陆览彩舆，舞裙歌扇，娱耳骀目，无不尽纳槛中"，来游者或乘船，或坐轿，沿途歌舞吹唱，都能在阁中一览无遗（表2：图12）。对凌虚阁的设置，华淑《寄畅园记略》颇不以为然："入门更有高阁，作干霄势，望河塘游人，历历可数，然市嚣聒耳，不足多也"[①]，觉得阁外熙熙攘攘，实在太吵了。

邻梵阁与凌虚阁相似，后者"望河塘游人"，离游人还比较远，需要遥望；邻梵阁"登之可数寺中游人"，离得已相当近，可以点数。秦燿建造两阁的心态颇可玩味：对于来往的游人，望之不厌，继之以数，并且从河塘一路跟至寺中；熙熙攘攘的游人虽然聒噪，或许也能冲淡一些罢官野居的落寞吧。凌虚阁、邻梵阁与周围植物的关系恰好形成对比，前者"浮出林杪"之上，后者"桂枝丛丛，皆高出阁上"，一是飘浮在树梢云气上的仙人楼居，一是栖隐于森沉古木中的佛家层阁，一显一隐，而俱有尘外之想。表2：图14是从惠山寺向内北望邻梵阁，今天仍能在原地看到这番景致，只是图右的经幢已被移到了山门外（图8）。

图7　秉礼堂北部水池（图片来源：黄晓 摄）

① （清）徐永言修．秦松龄，严绳孙纂．康熙无锡县志·卷4．康熙二十九年刻本．

图8　中为《寄畅园五十景图》之临梵阁，左为临梵阁现状，右为山门外的唐代经幢（图片来源：黄晓 摄）

园林西南角，毗邻惠山寺的假山上是鹤巢亭，与箕踞室隔池相对，周围遍植虬松，取王维"鹤巢松树遍"之意。华淑《寄畅园记略》又称苍雪亭，"以梅胜，花落时飞琼屑玉，飘拂墙外，有余香。其内石径欹斜，小池清映，落落虬松，亦数百年物。亭临寺门大道，可借选佛场，作游戏禅。"鹤巢是秦燿时期的亭名，崇祯年间园归秦燿长孙秦伯钦，改名苍雪亭，同时还改邻梵阁为天香阁。从鹤巢亭可以看到寺内佛堂，俯瞰其中的佛事活动（表2：图9）。

凌虚阁、邻梵阁、鹤巢亭都是为了借景园外，《园冶》所谓"萧寺可以卜邻"，寄畅园提供了借景佛寺的一个佳例。不过该园对寺景有迎有拒，并非全盘照收。华淑说的"市嚣聒耳"在寄畅园的布局中也有考虑。起居区布置在南侧，可以起到屏障作用，隔开寺中的喧嚣，保持北侧园林区的宁静；书房含贞斋被置于箕踞室北，稍稍离开惠山寺，也是出于同样的考虑。寄畅园这种"南宅北园"的格局，既有内在功能分区的需要，也是结合具体环境的适宜布置。

3.2 北部园林区

《寄畅园五十景》的前二十八景中，八景描绘南区，其余二十景都是表现北区，从中可见宅、园在园中的比重。从格局上看，南部起居区可分为前堂与后室，北部园林区则可分为东池与西山，即锦汇漪水池与池西的假山。在进入山、池主景区前，还有一座简单的庭院，作为入园前的过渡。

园林区的入口在北面，是寄畅园正门，园记和园图都从这里开始。入门立有一块巨大的湖石，取名"石丈"；石上攀附着藤萝，旁有一松相衬（表2：图1）。从石间穿过，是一进由墙垣围成的庭院，正中为堂屋，屋前两株白皮松亭亭如盖，院中有六角的水井和嬉游的双鹿（表2：图2）。这里是人们入园后稍事休息的场所，在此略作休整，就可以游园了。

进园共有三处入口。一是由堂屋南部墙上的小门直接进入园林主区，迎面便是开阔的水池和架于池上的涵碧亭、知鱼槛。但此门其实是游园结束后的出口，一般不在此进入。通常的游线，即王穉登《寄畅园记》推荐的，是由堂屋折而向东[①]，先经一处水院，院中有规整的方池和平桥（表2：图3）。从这里开始，游线一分为二，一为水路，一为陆路。

池中停有小舟，即屠隆《寄畅园》诗所谓"溪边碧柳藏新艇"之处。沿水路游园时由此登舟，穿过南边墙上的拱门便可进入锦汇漪（表2：图4、图5），游罢依旧由此上岸。这处水院现在仍存遗迹。在寄畅园东北部，今涵碧亭北的一段浮廊便是图中拱门的位置，池水从廊下穿过向北形成的一湾水面则是当年的停舟之所（图9）。

---

① 乾隆《无锡县志》中记为"折而西"，年代更早的《锡山景物略》中记为"折而东"，见表2。结合具体情况，本文采信后者。

图9 今涵碧亭北部浮廊与水溪（图片来源：黄晓 摄）

若不登船，向东踱过平桥，从清响扉进入则为陆路游线。门内有大片竹林，靠近竹林的小门、掩映在林中的长廊和敞轩都因竹得名，称清响扉、清籁廊和清响斋（表2：图6）。

锦汇漪是园内最大的一片水面，岸边夹种桃树和柳树，主要靠一道长廊组织起游线。长廊自北向南延伸，贯穿园区并横跨水池，既连接了南北也沟通了东西。池东的清响斋、池中的知鱼槛（表2：图8）、池西的霞蔚斋①都由长廊联系起来。施策《寄畅园》"入径萧萧万竹丛，回廊宛转逼禅宫"是对长廊的真实写照：一入门为万丛萧竹，沿长廊从清响扉一路游至霞蔚斋，越来越逼近惠山寺。长廊在不同位置有不同的名字，池东一段称清籁，池西一段称郁盘，都与周围植物有关：清籁旁边是青翠的丛竹，郁盘西边是繁郁的藤木。郁盘中央一间还悬有匾额，称先月榭。这里东临水池，对岸是低矮的蔷薇丛，可以最先看到月亮，是赏月的佳所（表2：图11）。

按园记与园图的顺序，先月榭之后就是凌虚阁，可知当时园、宅虽有区分，但仍是浑然一体，并未作绝对的分隔。到秦燿卒后，将园林分给几个儿子时，才做了较为明确的隔离。

水池西岸是假山区，即凤谷行窝时期的案墩，这里延续了早年林木繁茂的特点，屠隆《秦大中丞寄畅园记》云"古木离奇轮囷，以数百十章，长松偃盖，作虬龙攫舞势。……兹其园居最胜者哉，乃其数百年古木，上参层霄，下荫敢亩，虽有神力必不能猝致"。

山区南部是栖玄堂（表2：图20），南邻含贞斋，东对霞蔚斋，堂后紧靠园墙。墙后为唐代古迹"小洞重阶"，

张祜曾题"小洞穿斜竹，重阶夹细沙"诗，秦燿扩建时将其并入园中，当时还惹起了不小的非议。

栖玄堂是园林区的堂屋，与卧云堂一样，也具有宴客功能。堂前"层石为台，种牡丹数十本，花时中丞公燕余于此，红紫烂然如金谷"。寄畅园中的花木种植有三片较成规模，一是进入清响扉后的竹丛，二是锦汇漪沿岸的桃花，三是栖玄堂前的牡丹。堂前北部的假山称爽台，平坦高敞，可以布置大量坐具，与栖玄堂一上一下，共同构成一处开阔的聚会场所（表2：图21）。万历二十七年（1599年）夏众人在园中观看《昙花记》，这里是演出场所之一。邹迪光《五月二日》三诗中的第一首："丹崖细草翠平铺，列席频呼金巨罗。树杪妖童歌袅袅，花间醉客舞傞傞"，便是描写众人看戏的情景。堂前的牡丹正逢花时，众人频举酒尊，皆为"花间醉客"，坐在堂前正好可以欣赏爽台上的轻歌曼舞，即所谓"树杪妖童歌袅袅"。

栖玄堂向北进入山林地带。西墙下有座小方池，旁建小亭（表2：图22），泉水入园后先汇聚于此，今天这里仍是园林的水源入口。与池区的长廊相应，山区也有一条游线，即秦燿在山上开凿的曲涧（表2：图24）。当时人们常在园中饮酒赋诗，曲涧及其两侧的古木和奇石共同构成一处"茂林在上，清泉在下，奇峰秀石，含雾出云，于焉修禊，于焉浮杯，使兰亭不能独胜"的流觞之所。涧北石台上还建一座六角悬淙亭，其主要功能在临泉，但位置较高，亦可对望惠山（表2：图23）。秦燿时期的涧水是在山顶流淌，与锦汇漪水池有较大的高差，最后形成瀑布泻入池中（表2：图25）。

这一段山泉的处理是园中的精华，王穉登写道："环惠山而园者，若棋布然，莫不以泉胜；得泉之多少，与取泉之工拙，园由此甲乙。秦公之园，得泉多而取泉又工，故其胜遂出诸园上。"屠隆的描写更细致："有泉从惠山淙淙虢虢注为清渠，日夜流不涸。小水澄泓，分为细涧，并涓洁可爱。大池一望浩森，上为飞梁，蜿蜒曲折，朱栏画楯，下映绿波。"泉水入园后先是分为细流在涧中流淌，最后泻入大池汇成浩森的水面。有分有合，旷奥兼备。

观赏涧水入池的最佳位置在宛转桥和涵碧亭。从图中可以看到，园主与亲友或立桥头，或坐亭中，都凝神注目在飞泉上（表2：图25、图27）。涵碧亭的构思始于秦瀚，模仿白居易履道里园中演出霓裳散序的岛亭。亭北有三折的宛转桥与岸相通，木架朱栏，平依水面。涵碧亭与履道里岛亭不仅形式相似，功能也一脉相承。这里是园中

---

① 秦燿《寄畅园二十咏》中的《清川华薄》："映水列轩窗，林峦森在瞩。塘坳聚落花，溪流出茅屋。"很可能是描写霞蔚斋。此斋位于水池西南岸，东出临池月台，台上植黄杨两株；西为回廊围成的庭院，其内置石栽树（表2：图10）。这组建筑，向东是映照轩窗的锦汇池水；向西是森然在瞩的惠山林峦；南部有池水湾入形成的塘坳，桃花落后常漂聚在此；同时这里又是箕踞室前的池水汇入锦汇漪的水口，恰似有溪流从屋中流出，与诗意完全相合。

的另一处演出场所，与爽台一在山间、一依水际，各擅胜场。邹迪光《五月二日》诗的第二首"柘鼓经挝留白日，刀环小队踏飞虹"，第三首"依槛文鱼乐在藻，窥帘飞鸟触游丝"，便是描写众人在这一带观戏的场景：三折的宛转桥仿佛专为婀娜的舞步而设，"刀环小队"如脚踏飞虹般飘入涵碧亭，亭南的知鱼槛与涵碧亭隔水相对，距离正合适，众人在槛中观戏，一边还能欣赏悠游于藻荇间的文鱼，穿拂在柳丝中的飞鸟。邹迪光对《昙花记》很痴迷，演出的当天"为欢竟日"，"尚未属厌"，最后天色渐晚，"恨不能挽羲和、闲蒙汜"以延长白昼。演出如此引人入胜，屠隆的剧本固然好，寄畅园这个舞台也是相当出色。

涵碧亭西、锦汇漪北是园中最后一景——环翠楼（表2：图28），"登此则园之高台曲池，长廊复室，美石佳树，径迷花、亭醉月者，靡不呈祥献秀，泄密露奇，历历在掌，而园之胜毕矣"。华淑《寄畅园纪略》也对此楼赞赏不已："环碧楼，命名近俗，选地最佳。空场漫引，叠石成坡，横斜上下，荒荒落落。山中林木古茂，惟此与坐飞台各不相让。登楼，置身万绿中，雪满山中，月明林下，无非佳境。"其中提到的坐飞台是愚公谷中一景，俯邻青羊野，与环翠楼很相似。深冬时节登上环翠楼，"雪满山中，月明林下"，景致极佳。环翠楼是游园的高潮，也是全园的收束，为游园之旅画上一个圆满的句号。

4 造园意匠

从入园开始，到环翠楼为止，恰好将寄畅园游赏了一遍，王穉登《寄畅园记》描写游园的文字也是到此结束，后为议论："大要兹园之胜，在背山临流，如仲长公理所云。故其最在泉，其次石，次竹木花药果蔬，又次堂榭楼台池籞，而淙而涧，而水而汇，则得泉之多而工于为泉者耶。"

晚明时期造园的基本要素已经确定，一般分为山、水、植物、建筑四类，人们对园林的评价通常以此为标准，并热衷于为这四种要素排列座次。王穉登评价寄畅园中水第一，山第二，植物第三，建筑第四，这样的园林通常被视为上乘之作。屠隆《秦大中丞寄畅园记》也是从这一角度展开评价："园中位置，大都峨然奇拔者为

峰峦，窅然深靓者为岩洞，翳然葱蒨者为林樾，郁然芊苍者为田野，森然秀媚者为花竹，轩然华敞者为堂皇，翼然竦峙者为楼榭……兹园之胜，得之天者什七，成之人者什三"，列举了园中七种景致，前五种都成于天然，只有堂皇和楼榭出自人工。在当时人心中，"长廊曲池，假山复阁，不得志于山水者所作也，杖履弥勤，眼界则小矣。"[1]园林的主角是山、水和植物，建筑作为配角，只是在缺少佳山佳水时不得已的选择。这些在当时已成为造园者的共识，以此作为评价标准，必然会深刻影响到一个时期的园林风貌。

除了浓郁的自然气息，寄畅园在理景和借景方面也有独到之处，主要体现为三点：一是园内景致的组织，二是对周围环境的邻借，三是对惠山与锡山的远借。

北部园林区有两道水平性控制因素，即横跨锦汇漪的长廊和池西山间的曲涧，这两条线串起了园中大部分景致，循线游赏为动观，对园林是一种入乎其内的亲切体验。园北环翠楼则是垂直性控制因素，是一个点，坐在楼中尽揽一园之胜为静观，对全园是一种出乎其外的整体观照。而由假山到水池的过渡也很值得注意，在涧水入池时借助高差营造出瀑布，观瀑的最佳位置为池中的宛转桥和涵碧亭；同时这一桥一亭又是供人欣赏的对象，它们是园中的演出场所，知鱼槛、清响斋都朝向涵碧亭，逢有盛大的节庆，外来宾朋和家中内眷可以各据一方，同时观看亭中的演出。体现了"看与被看"的统一。

寄畅园中四座位置较高的建筑，除环翠楼，其余三座——凌虚阁、邻梵阁和鹤巢亭，都可邻借园外，并主要是借景惠山寺。园林追求尘外之想，寺庙作为超脱凡俗的象征，是园林最钟爱的借景对象。梵音到耳，尘虑尽消，有寺入望，顿觉致高。寄畅园对面的愚公谷，"园东逼墙一台，外瞰寺，老柳卧墙角而不让台，台遂不尽瞰"[2]，也是在靠近寺庙处设一高台，台侧有老柳掩映，借景略较寄畅园为含蓄。

最后，寄畅园西对惠山，南对锡山，还有很好的远借条件。从当时的诗文看，惠山地位仍在锡山之上。[3]早期锡山的重要性之所以弱于惠山，与它的高度有关。在愚公谷中望锡山，"大树骈罗，密不见体"。寄畅园在其北不远，情况也是如此。两园树木葱茏，将锡山遮得严严实实，在园中几乎察觉不到山的存在。万历四年（1574年）

① （明）刘侗，于奕正.帝京景物略.卷1.英国公新园.北京：北京古籍出版社，1983:31.
② （明）张岱.陶庵梦忆.卷7.愚公谷.北京：中华书局，2007:90.
③ 秦耀《感兴四首》曰"朝阳从东升，山气忽变赤"，东面升起的太阳，映红的显然是园西的惠山；安绍芳《秦中丞山园初成招饮赋谢》中的"九龙逶迤翠郁盘"，车大任《游秦峰师寄畅园》中的"慧山一望郁嵯峨"以及屠隆《秦大中丞寄畅园记》中的"园在慧麓下，山之晴光雨景，朝霞夕霭，时时呈奇献态于窗槛前"，都直接点明是借景惠山，其他如"墅睹青山闲谢傅"、"峰峦奇踞秀当楹"，虽未点明但实际写的也是惠山。园中霞蔚斋"映水列轩窗，林峦森在瞩"，专为对望惠山而设。爽台"排闼两山开，轩窗致爽爽"与环翠楼"落日凭阑干，当窗四山翠"，因为位置较高，则可同时借景锡、惠两山。

图10　龙光塔现状及《寄畅园五十景》所绘木、石两塔
中上：（9）花源（局部），中下：（43）蔷薇幕（局部），右：（50）寄畅园（局部）

锡山上建起一座七层龙光塔①，地位才开始上升。愚公谷专门设了"塔照亭"，在亭中望锡山，"一塔从中擎出，仅得四层，阳乌西匿，返照注射作金黄色，是吾园最胜处。"②寄畅园则如安绍芳《秦中丞山园四首》所说"钟声邻寺送，塔影对峰悬"，在园中不止能看到山塔，还可以欣赏倒映在水中的塔影。万历二十七（1599年）年寄畅园建成时，锡山上原来的石塔仍在，与新建砖塔并立于山巅。《寄畅园五十景》有三幅描绘这一景致，可见对借景锡山的重视。这一景致从确立的那刻起就予人以深刻印象，此后屡屡见诸题咏，成为寄畅园的标志性景观，直至今日（图10）。

以上三者构成了寄畅园赏景的三个层次。一是对园中近景的游赏，山池廊亭、泉石草木，皆可触可感，亲切有味，体验性强，为身之所容；二是与周围环境的沟通，园林的封闭性被打破，与河塘、寺庙建立起视觉上的联系，为目之所瞩；三是对远处山林的收摄，峦光塔影皆入望中，目力虽穷情脉不断，为意之所游。三个层次，由近及远，亦由实入虚。园林先是自成一方自足的小天地，继而与周围环境联系起来，最后融入广阔的自然中。一步步突

破有限的空间界限，在将自然收入园内的同时，也与自然融为一体。人们在园中的体验，也从对具体景物的品赏，升华为对山川变幻、宇宙运迈的感受，最终得以一种超脱的襟怀体味人生的深境。

本文已发表于《建筑史》2012年第28期。

参考文献

[1] 秦志豪. 锡山秦氏寄畅园文献资料长编 [M]. 上海：上海辞书出版社，2009.

[2] 秦彬. 锡山秦氏诗钞 [M]. 道光十九年刻本.

[3] 秦毓钧. 锡山秦氏文钞 [M]. 民国19年刻本.

[4] 秦国璋. 锡山秦氏献钞 [M]. 2007年影印本.

[5] （明）谈修. 惠山古今考. 无锡文献丛刊7[M]. 台北：台北市无锡同乡会，1986.

[6] （明）王永积. 锡山景物略. 无锡文献丛刊6[M]. 台北：台北市无锡同乡会，1983.

[7] （清）徐永言修. 秦松龄，严绳孙纂. 康熙无锡县志 [M]. 康熙二十九年刻本.

[8] （清）王镐修. 华希闵等纂. 乾隆无锡县志 [M]. 乾隆十八年刻本.

[9] （明）安绍芳. 西林全集 [M]. 明万历四十七年刻本.

[10] （明）邹迪光. 郁仪楼集 [M]. 四库全书存目丛书. 集部. 第158册.

[11] （明）宋懋晋. 寄畅园图册 [M]. 苏州：古吴轩出版社，2007.

① 锡山在惠山（又名九龙山）东南，被风水家视为龙角，明初山顶原有一座石塔，后废。明早期无锡文风一直不盛，风水家认为是由于山顶无塔，导致龙无头角。因此嘉靖元年（1522年）顾懋章、顾可学父子重建了石塔，但效果并不显著；于是又有人献策说：龙靠角听音，角须中空通透、实心的石塔并不相宜。因此万历四年，常州知府施观民又率邑中士绅建了一座七层砖塔，即龙光塔。参见：（明）谈修. 惠山古今考. 卷1. 锡山考. 无锡文献丛刊7. 台北：台北市无锡同乡会，1986，"或云龙以角听，塔宜中空，不宜实土。万历丙子，郡伯施公观民，与邑士大夫议建新塔。……成浮屠七级。"

② （明）邹迪光. 愚公谷乘. 上海：上海中华书局，1922.

《弇山园记》文字园林平面重构

王笑竹

明中叶至晚明被园史学者公认为是中国古典园林的成熟时期，晚明江南园林实体的普遍缺失与场景以园记形式记录下来，展示了观读园林的一种文化解说现象，成为窥探古典园林的重要研究依据。明代以文人园记最盛，园记是多以游园路线展开，根据位置的变换和视点的移动，对园内景象空间和场景画面进行描述，表达观赏者对视觉景观主观印象的文学作品。晚明文人园记是园林文学艺术发展成熟时期的作品，行文关注园林空间，在景象元素、场景印象和空间关系层面上包含数量更多的有效信息，同时提供了典故式文化背景下的情感条件，对研究园林空间重构具有高度参考价值。文章是以明代园记为研究素材，尝试从文字园林解析和图卷考证入手，重构已逝园林的平面空间，找到旧有时间里园中的动人场景。

选择王世贞弇山园作为研究对象，缘于在晚明这场盛世空前的造园热潮中，她是极受关注的一座，弇山园的空间重构对晚明江南园林研究具有一定的代表意义。弇山园主人王世贞著有大量相关此园的诗作，在众多文学作品中对其评价甚高；另一方面，弇山园在当时被公认为造园的最高标准而备受推崇，大量文献记载中评价弇州冠绝一时，园中景致对后期的造园活动产生深远影响，相当多的园林出现与之相近的空间造景和场景命名，更有甚者因可与之比较为美。

1 弇山园考

1.1 弇山园考：文字与图像的记录

1.1.1 《弇山园记》

弇山园真实的物质空间早已逝去，研究的开始源于一篇园记，收录于《景印文渊阁四库全书》第1284册，《弇州山人四部稿续稿·卷59》中。

这篇园记最早出现在王世贞《山园杂著》文集中，卷首序言写到园记的写作原委，"今者业谢客，客亦不时过，即过无与为主，无可质者，故理此一编，分卷为上下，以

代余答而已……今世人不厌薄，余文辞而时味之，然则，能后弇存者，是编也。"如此看来，《弇山园记》的创作一方面是作为离园主人对造访者以文带游的解说，可视作园林导览手册之用；另一方面是借此文使园长久地留存于世，望后人展卷览园之意。

这篇序言中王世贞回忆了家族园林，离薋园、澹圃和约圃都已经出现，文中写到这一时期短暂离开弇山园，避居王氏故居。钱大昕《弇州山人年谱》中记录，"万历十三年：夏，王元驭、赵汝师俱过草堂话别。"证实万历十三年（1585年）的王世贞依然居于东郊祖宅，而到万历十四年（1586年），在另一篇《疏白莲沼筑芳素轩记》中王世贞已回到弇山园，复治北区宅院。以此推测园记的创作时间应在这一期间。

《弇山园记》洋洋洒洒写了七千余字，全篇以第一人称叙述，以游园路线展开，跟随主人身体的移动和视点的变换，对园内景象空间和场景画面进行描述和解说。文章结构以园林分区组织八节："记一"概述弇州及名字的由来；"记二"至"记七"分别描述了弇山园六个区域：东南部小祇林、西南弇山堂区、西弇、中弇、东弇及北区宅院，至此结束陆路游览；"记八"另辟一章水路舟游作结。全篇共记录了117处场景。《弇山园记》行文在相对客观写实的明园记中对空间场景的特别关注也是罕见的，文字铺叙中空间信息全面深入、具体准确，传递的场景画面感强烈。

王世贞在这座园林中游居沉湎近三十载，对园中景象信手拈来，以园为题创作了一系列文学作品。对园林空间重构研究具有重要补充意义的文献《题弇园八记后》，主要叙述了园林营建原委及前后经历。另有一篇《疏白莲沼筑芳素轩记》，写于王世贞复居弇州的万历十四年（1586年）之后，篇末写到"三月而后，于是复治弇……附于八篇之后。"《弇山园记》中亦录"丙戌冬，乃募工更疏之至四丈许"，文章记录的是万历十四年园林的变化，这一纪录是弇山园最后的改动，到了万历十六年（1588年）二

月，王世贞已赴留都南京，之后几未留居弇州。

王世贞文集《弇州山人四部稿》及《续稿》中，出现弇山园记录 17 条，小祇园 38 条，弇州园 14 条，弇园 58 条，主要作品还包括《题小祇园诗》、《题弇山园组诗》、《弇园杂咏四十三首》、《弇园杂咏后二十九首》以及《来玉阁记》，余者不赘。

1.1.2 弇山园图

在大量的文字记载之外，关于弇山园的文本记录还有两幅图卷存世——钱穀的《小祇园图》和收录在《山园杂著》中随园记而作的木刻弇山园景图。

《小祇园图》现藏于台北故宫博物院，收录在美国学者高居翰、黄晓的《不朽的林泉：中国古代园林绘画》一书 89 页（图 1）。绘者钱穀（1508～1572 年），字叔宝，苏州府长洲县人，晚明松江派著名画家，师从文徵明。《小祇园图》绘于万历二年（1574 年），王世贞北上赴任，钱穀随行作纪行图，起始弇山园而终至广陵，此卷是这套纪行图的首帧。王世贞在《钱叔宝纪行图》中记"吾家太仓，去神都为水道三千七百里……已去年春二月，入领太仆友人钱叔宝，以绘事妙天下，为余图。自吾家小祇园而起，至广陵，得三十二帧。"[①]《小祇园图》描绘的是万历二年尚未完成的弇山园，图中可见这一时期已经完成的小祇林、弇山堂和大规模石山西弇、中弇的完整景致，略记录了北部少量建筑，东弇和北院居住区域尚未出现在图中。

钱穀的这幅作品对当时的弇山园描绘是相对客观的，高居翰先生认为这是一幅写生作品，原因在于台北故宫博物院中还存有另一幅内容极为相近的纸本草图。薛永年先生在《陆治、钱穀与后期吴派纪游图》一文中也指出，纪行图像区别于传统文人山水主观画作而呈现写实性，是以记录实景为目的的园林绘画。《小祇园图》采用俯瞰视角描绘，景象彼此之间呈现平面铺展的关系，构图上地面向后上方倾斜翻转，更趋向于轴测展示，将背部场景平移前置，建筑的差异倾斜方向，表征着透视的缺失，目的在于使有限的图幅中尽可能多地展现园林景观而不被前景遮挡。图卷虽然相对写实，但卷中的景象脱离了真实尺度的规范，"景致间的距离往往被压缩或拉伸以顺应绘画风格的要求"[②]，图卷依然难以脱离文人绘画的意象。然而，《小祇园图》已然在一定程度上为我们提供了早期弇山园空间的直观认知，至少在景象空间彼此之间的关联性上给出了答案，为后期研究中对弇园平面重构提供了客观的场景图像依据。

图 1　钱穀《小祇园图》，1574 年，台北故宫博物院藏[③]

关于弇山园的另一幅图像是随着《弇山园记》而作，为《山园杂著》卷首附录的木刻园景图五帧，现藏于美国国会图书馆，收录在《不朽的林泉：中国古代园林绘画》98 页（图 2）。绘者考据不祥，有传为叠就西弇和中弇的山师张南阳所作，但未有确凿记载。

相较于绘制于万历二年（1574 年）的钱穀《小祇园图》，这套木刻图景册页展现的是十年之后完整的弇山园。图卷采用了版画形式，分五帧描绘弇州五个分区，依次为小祇林、弇山堂、西弇、中弇、东弇和北院，这一时期白莲沼与西北土山还未增修，因而没有出现。画面中各景象均标注名称，与园记对应。绘制目的很可能为弥补抽象的文字描述，直观交代更多的空间结构。对比两图，可以看到弇山园两个阶段的增修和改动。

文字和图像的记录为研究提供了相互补充的空间信息，成为园林空间平面重构的基础。

1.2 园记方位推断

在研究文字园林向图像园林的平面重构绘制之前，有两个重要问题需要讨论：一是方位判断，方位的确定即是判断景象空间相对位置，关系结构的前提和平面重构的基础；二是尺度考据，尺度和比例是关于景象单元距离的探讨，决定了平面空间的外围形态。

1.2.1 文本记录的三种视角

园记的叙述是通过路径连接空间单元，主要采用三种视角描述：凝视视角、路径视角和地图视角。三种视角分别对应着主体处于不同自然空间中的感知模式。

---

① （明）王世贞，钱叔宝纪行图。见文献 [1]，卷 138。

② 文献 [7]，18 页。

③ 图卷资料来源于文献 [7]，89 页。

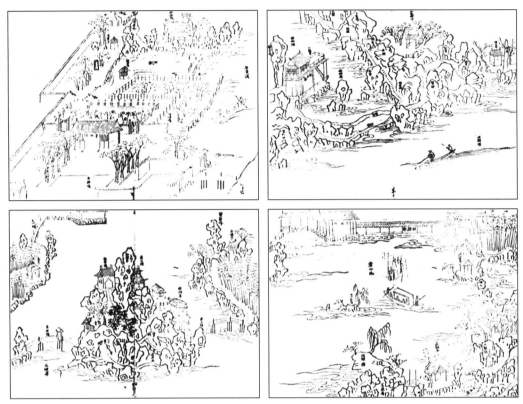

图 2 《山园杂著》木刻弇山园景图万历年间刻本，美国国会图书馆藏[①]

凝视视角在园记中主要是针对静观场景的空间描述；路径视角是观者处于运动行为中，通过主体移动逐渐展开视域，基于在环境中不断变化的位置来描述地标，这种视角通常以主体身体为中心坐标，采用"前后左右"的相对方位词汇陈述景象关系；地图视角的叙述方式是观者视点处于空间之上，采用鸟瞰方式面对场景，以建筑的相对坐标之"东西南北"指示方位，将独立的景象空间单元与完整环境建立关联。地图视角在园记中，是规定在堂中面南而立时的左东右西。

路径视角和地图视角主要提供了园中空间场景的方位判断和结构关系。在文字园林向图像园林重构的初期，路径视角和地图视角的明确是至关重要的。通常来说，当主体面对一个空间行进时，以身体为中心坐标的路径视角和以建筑方位确定的地图视角是相反的。因此，在文字描述中关于"左右"的方位指向并不一致，有时是指路径视角，有时则转向到地图视角的方位中。然而有趣的是，王世贞《弇山园记》的行文叙述中，从一开始就出现了路径视角与地图视角的对应关系，作者在使用"左右"记录方位时，贯穿始终的似乎是地图视角，几乎没有与路径视角混淆。

1.2.2 《弇山园记》路径视角与地图视角的一致性

"记一"中初次提到园林的具体位置，"寺之⑤[②]，即吾弇山园也。""记二"中再次涉及园址描述："自隆福寺而㊣……吾园实枕之。"可以看出，寺之右即寺西，这是在文中最先被关注到的"右"与"西向"方位的关联。

在余下的行文记述中，对同一空间的定位多次出现路径视角与地图视角的交叉，反复验证两种视角的对应关系。明确而直接表述的论据如，"记三"："循堂㊧而㊤"；"㊧正值㊤弇之小岭"，"㊨室，于冬时遥睇㊦弇之'缥缈'"；另有"记四"：描写"楼之下，㊧降，得方台……而摄月最先。"在明代趋向模式化的场景营造中，"摄月最先"的高台，代表着面东是不言而喻的，"左"同"东向"的关联得到确认。"记七"："㊨则暖室也，蕴火以御寒，名之曰'襽云窝'"，因西晒故作暖室，"右"与"西方"同样有着隐性关联。甚至在《疏白莲沼筑芳素轩记》的描绘中也可以找到方位的对应："㊧为短廊，窦而入……曰'归藏'"，"启㊤户入归藏"路径视角的"左"即是地图

---

① 文献 [7]，98 页。
② 用"○"标出引文中的空间方位。

视角的"东"再一次得到验证。

问题是王世贞是否通篇在地图视角与路径视角之间有着稳定的关联呢？文中出现大量没有明确解说的方位描述，研究中对缺乏明证的论据尝试采用两种可能性推断结构布局，通过与周边环境、园区大格局和景象对望关系的比对关联，确定方位，有时还需要运用实际空间经验合理性帮助判断。

举例说明方位的间接判断，在"记二"小祇林的描写中有这样一段："径至⑤而既，得平桥，曰'知津'，取弇山堂道也。"可以见得，弇山堂在小祇林以西。"知津桥者，跨小庵画溪"，两个区域通过溪水分隔"循堂⑤而⑤，沿小庵画溪，一石坊限之，扁曰'始有'。""记三"中又叙："度始有门，则⑤溪而⑤池。"这里"溪"很明显指的是小庵画溪，始有门在弇山堂区域，因而一定在小祇林的西侧，与之隔溪相望，也必定在小庵画溪以西，证实"左"指"东"的判断（图3）。

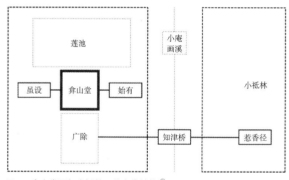

图3　弇山堂区与小祇林区的方位结构①

另有"记七"出西弇北上土山："其⑤大有余地。复纤而下，其⑤旁广心池"，山居池右。"题弇园八记后"："其⑤隙地，余意欲筑一土冈，⑤傍水，与今中弇相映带"，山位于水之西，"右"与"西"关联起来，上文中的"左旁"也应该就是下文的"东"临水。后《疏白莲沼筑芳素轩记》再次提到这座土山，"土山蛇纡，而壮其⑤，大有隙地者……取其土为土山于沼之南，高与⑤山埒……⑤⑤称是。"可见，"其⑤大有隙地"的土山在西，与东弇对，"右"即是"西"向。文中更多的方位推断不赘。

《弇山园记》中路径视角与地图视角的一致性贯穿全文，成为对空间方位描述的唯一视角。一种视角的使用在复杂的园林描述中非常重要，从而带来方位叙述的清晰和

逻辑思考的简单，为园林平面的重组提供了准确有效的结构关系判断，路径的行进方向与空间单元结构序列大部分都可以直接呈现出来，主人王世贞仿佛站在一个高空视角带领我们游览他的园林，从未迷失在那条通往花园的小径。

相对于需要逻辑推理的方位关系，关于明代园记中的尺度考据相对简单，主要针对一些与当下的理解有出入和单位数据发生变化的词汇进行考证，鉴于篇幅关系关于尺度考据过程不在这篇文中表述。

2　弇山园选址与分期营造

2.1　缘起与选址：仙人居所

2.1.1　弇州缘起

嘉靖三十八年（1559年）王世贞居父丧回到太仓，修建离薋园，于园内生活不足三年，便有意筹建新园。一方面，缘于王世贞对离薋园的不满，《山园杂著小序》言："余治离薋园最先，而又最小，且不能遂嚣"，可见他一来觉得兹园鄙小，二来"与州治邻，且夕闻敲扑声"②，欲求清静之地。另一方面，这时期王世贞恰逢从故人华明伯处得佛藏经数卷，对释道产生浓厚兴趣，"始之辟是地也，中建一阁以奉佛经耳，小祇林所由名也……颜之，志始也。"无疑表示了主人丘园静修的初衷。

2.1.2　园址考证

嘉靖四十五年（1566年）王世贞得大片土地，于其上始造小祇林，这是弇山园最早修建的部分。关于这片土地，频繁出现在历代州志中：

《江南通志》有录："弇山园在镇洋县隆福寺西，明王世贞家园""隆福寺在州城西隅，长春桥北，旧在武陵桥……前有放生池"③同王世贞在《弇山园记》中的描述一致；又有崇祯张采《娄东园林志》载："弇州园，俗呼王家山，在隆福寺西，前临小溪。园亩七十而赢，左方近建祠，祀弇州先生"；清《（嘉庆）直隶太仓州志》也有记载："弇山园，俗呼王家山，在隆福寺西，尚书王世贞筑。"④记录中另附《太仓城图》，在图中可以清晰地看到文献描述中出现的地标隆福寺，武圣庙⑤和长春桥以及水系方池，夹于其中的是王鉴的"染香庵"，这座规模有限的园林正是建立在弇山园故址西隅之地，虽然是清嘉庆年间城图，但地貌标志节点仍与明代各记相合，可以在图中比较可靠地标画出弇山园的基本位置（图4）。

① 以下图片未有标注者，皆来源于作者自绘。
② （明）王世贞 . 题弇山园八记后 . 见文献[1]，卷160。
③ （清）江南通志 . 卷33. 都会郡县之属 . 地理类 . 史部 . 文渊阁四库全书。
④ （清）王昶 . 嘉庆直隶太仓州志 . 卷51. 古迹 . 清嘉庆七年刻本。
⑤ 武圣庙：关帝庙。与《弇山园记·记一》中"汉寿亭侯庙"同指一处。

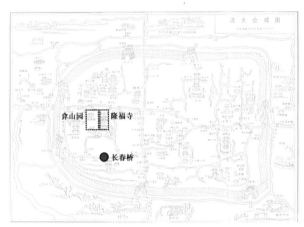

图 4 清《(嘉庆)直隶太仓州志》太仓城图

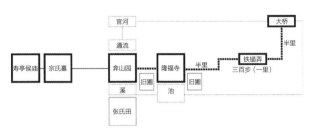

图 5 进入路径及环境空间结构关系示意

2.2 园址周边环境

我们回到《弇山园记》对园址的描述，并讨论一段进入园林的路径和外围的环境。

研究对这段文字中相关空间信息进行提取①，将文学性的描述转化为空间结构关系的呈现：

"自**大桥**稍⑤皆**阛阓**，可半里而杀，其⑩忽得径，曰'**铁猫弄**'……循而⑩三百步许，弄穷，稍折而⑤，复⑩，不及弄之半，为**隆福寺**，其⑩有**方池**，延袤二十亩，⑤⑥**旧圃**夹之……寺之⑥，即吾**弇山园**也，亦名弇州园。⑩横**清溪**甚狭，而夹岸皆植**垂柳**……溪⑤**张氏腴田**数亩……**园**之⑩，为**宗氏墓**，**古松柏**十余株。其又⑩，则汉**寿亭侯庙**。""自**隆福寺**之⑩，**小溪**渺渺，**垂柳**交荫，而**吾园**实枕之，扁其门曰弇州。"

描述包含 11 个空间参照，按照行进顺序分别为：大桥、阛阓、铁锚弄、隆福寺、方池、旧圃、弇山园、清溪、张氏腴田、宗氏墓以及汉寿亭侯庙。

主人通过行进路径从市区走向自己的宅园，使用动作动词来建立一种基于出现先后的次序，将上述前八个景象单元串联起来，后面四个空间场景并未有身体涉入，而是通过环景视野展开，甚至是通过进入园林深处的高点目之所及而得到视线的关联。路径行进的方向在叙述中初始稍南，之后一路向西。这段关于进入园林的路径及环境的空间结构关系可以表示为图 5。

2.3 弇州六造：不曾规划的园林

弇山园始建于嘉靖四十五年（1566 年），主体面貌形成于隆庆五年（1571 年）到万历四年（1576 年），最晚在

丙戌年（1586 年）还有修缮记载，前后陆续六次扩园增建，经营二十余年。从王世贞《弇山园记》、《题弇园八记后》系列文本记录、钱大昕《弇州山人年谱》大事记以及州郡县志考据，可以看到园林景域划分与营建时间的对应关联，这表明空间布局是随着园区陆续扩张不断完善的，并不是自上而下统一规划的构想（表 1）。这一发现提出一个命题，研究认为每个历史时期所完成的景观空间，都应该在当时园林发展的阶段保持布局的完整，简单说，每个阶段的弇山园都是一座独立完整的园林。从这个认识出发推演的结构拓扑，对园林平面版图的重构具有重要意义。

弇园分期分区　　　　表 1

景域名称	营建年代	园区位置
小祇林	嘉靖四十五年（1566 年）	东南部入口
中弇	隆庆五年至六年（1571 ～ 1572 年）	几何中心区
弇山堂	万历元年始建（1572 年）	西南部
西弇	万历元年始建（1572 年～）	西部
东弇	万历元年至四年（1572 ～ 1576 年）	东北区
北部宅院	万历四年之后（1576 年～）	北区
西北土山与白莲沼	万历十四年（1586 年）	西北部

2.3.1 嘉靖四十五年的小祇园

嘉靖四十五年（1566 年）是王世贞在离薋园生活痕迹的最晚记录。王世贞始创离薋园于服父丧期满后嘉靖四十三年（1564 年）。《离薋园记》述："始余待罪青州，以家难归，逃窜处故井，公除之后，数数虞盗窥，徙而入城，不胜阛阓之嚣烦，乃请于太夫人以创兹园。"他在离薋园生活了至少三年，嘉靖四十五年（1566 年）春，王世贞还在这里设宴送梁辰鱼北游，有诗《春夜宴离薋园别王元美敬美二表叔》。之后，王世贞的生活记录便开始出现在弇山园。

---

① 文本描述中空间信息的提取：用"加粗"标出景象单元，用"○"标出空间方位，用下划线标出尺度和数量。

嘉靖四十五年（1566 年），王世贞求得隆福寺西耕地，始建小祇园。钱大昕《弇州山人年谱》有记："嘉靖四十五年：是岁，始营别业于隆福寺西，建阁贮藏经，名之曰小祇林，亦名小祇园。"[①] 吴荣光《历代名人年谱》记录亦同。王世贞在《答南阳孔炎王孙》一文中也写到弇山园始于小祇园的初建："始尝构一阁，奉佛藏，旁有水竹桥岛之属，名之曰小祇园。后增奉道藏，而傍讹颇益辟出，后家人辈复有所增饰，今定名曰弇州园"[②]（图 6）。

《弇州山人年谱》又记："隆庆五年辛未：始居小祇园。"[③] 可见，小祇园修建的五年期间王世贞并没有在其内居住。

2.3.2 隆庆年间的中弇山

之后关于弇山园的记录出现在隆庆五年至六年（1571 ～ 1572 年），《题弇山园八记后》中记："辛、壬间居母氏忧，从兄求美必欲售故乡麋泾山居，得善价而去……与山师张生徙置之经阁后。"[④] "记五"也提到这一段经历："治山独兹弇（中弇）最先就绪，而所徙乃吾麋泾故业。"并有《穆敬甫》书："小祇园奉藏经，旧饶水竹，逑得乡间一残山欲移之，山师见误增置。"[⑤] 可见，王世贞因居母丧[⑥]回到太仓，逢从兄售麋泾园之物，遂徙山石木卉，请张南阳构建了中弇。

这时期园林呈现南北纵向轴线发展，主要建筑小祇林藏经阁与中弇壶公楼的对位关系产生强烈的视觉关联。小祇园入口很可能南向，成为轴线的起点，接惹香径，穿小祇林门入竹林，过梵生桥抵珪岛藏经阁，北望中弇面山。两区之间产生围合水域——天镜潭，中弇在这一时期应该仅能通过行舟抵达，因而有渡口西归津的设定（图 7）。

2.3.3 万历元年的西弇山

万历元年（1573 年），王世贞以右副都御史抚治郧阳[⑧]，即《弇山园记》中出现的"楚臬之除"。这时中弇已竣，王又购得园西土地，拟成土山，"其西隙地，市之邻人者，余意欲筑一土冈……而亡何有楚臬之除……余自楚迁太仆，则所谓土冈者皆为石而延袤之。"[⑨] "自楚迁太仆"发生在次年，即万历二年（1574 年），西弇石峰已成大势。

万历二年（1574 年）二月，王世贞北上赴太仆任，钱榖随行作纪行图[⑩]。王作《钱叔宝纪行图》"去年春二月，入领太仆友人钱叔宝，为余图。自吾家小祇园而起，至广陵。"[⑪] 从钱榖所绘的《小祇园图》中，已见此时西弇已毕，图中另出现西南部完整的弇山堂景域，略有北部一区少量建筑，很明显还没有东弇和北院的景象。

这一阶段，园林向西扩张，西弇"东傍水，与今中弇相映带"，完成两山对潭的围合。北部中弇、西弇与南部小祇林、弇山堂景域形成四方分立的格局，通过水系分离。前期的轴线发展被打断，入口很可能在这期间转向了东侧角部，形成自东南向西北逆时针洄游环绕流线，小祇林珪岛一路成为主流的重要分支。景观也从平野林区引入

图 6 小祇林时期布局[⑦]

图 7 小祇林与中弇时期布局

---

① 文献 [5]。
② （明）王世贞 . 答南阳孔炎王孙 . 见文献 [2]，卷 172。
③ 文献 [5]。
④ （明）王世贞 . 题弇山园八记后 . 见文献 [1]，卷 160。
⑤ （明）王世贞 . 穆敬甫 . 见文献 [1]，卷 122。
⑥ 文献 [4]："隆庆四年（午庚）"条："十月得太夫人讣，奔丧旋里"。
⑦ 图中灰色填充为园址外围已存，白色未填充为已建部分，斜线填充为这一时期营建部分，虚线框为水域。
⑧ 文献 [4]："万历元年：元美起湖广按察，八月抵任"；"万历元年：岁暮得擢太仆寺卿之报"；"万历二年：元美于二月北行，吴门钱榖叔宝为作纪行图，起小祇园至广陵，凡卅二帧……九月，迁右副都御史，抚治郧阳，提督军务赴任。"
⑨ （明）王世贞 . 题弇山园八记后 . 见文献 [1]，卷 160。
⑩ 文献 [5]："万历二年：二月，北行，吴门钱谷叔宝为作纪行图，起小祇园至广陵。"
⑪ （明）王世贞 . 钱叔宝纪行图 . 见文献 [1]，卷 138。

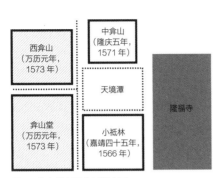

图 8 弇山堂与西弇时期布局

图 9 东弇时期布局

了地势起伏的山地，山水的游兴功能大大增加。四个区域包围天镜潭水面居中，并限定了南北走向的长溪。园区呈现纵横近乎方正的形态（图 8）。

2.3.4 万历元年至四年之间的东弇山

"吾自纳郎节，即栖托于此。"《题弇园八记后》后续："自太仆领郧镇迁南廷尉以归，则东弇与西岭之胜忽出，而文漪、小西之崇甍杰构复翼如矣。"①

"纳郎节"与"自太仆领郧镇南廷尉以归"指同一事件，时在万历四年（1576 年）②，王世贞向东购得隆福寺北部土地，记载中东弇规模初具，并已经出现了北部宅院的部分建筑，此时弇山园主体结构基本完成（图 9）。

2.3.5 万历四年之后的北部宅院

万历四年（1576 年）北上归来的王世贞陆续主持增修了北部居住建筑群落，"复治'凉风堂'、'尔雅楼'及西三书舍"③《弇州山人年谱》亦录："万历四年：自是栖息弇山园，弇山园即小祇林。壬申以后，增置楼阁树石。"王世贞增建记录另有《答范司马》："今春构一书楼于弇山园庋之，闻古碑及抄本毋隃于邺架者，若家所有宋梓及书画名迹，庶足供游目耳。"④从庋宋梓和书画名迹见得书楼无疑就是尔雅。

至此，王世贞扩张完成最终占地 70 余亩的弇山园（图 10）。

这一时期园区向东北偏移展开，东弇与北宅的完成，最终格局已经基本确定，整体用地成倒转的"L"形。拓展的东弇、北部宅院以及西弇北部平野构成了园林的北区，围合出更大的集中性水域广心池，通过中弇东西两侧开口与南区天镜潭相连成一体。北向的延伸，使园林整体外围在南北向略有拉长，增设了东北部的出口；东向的侵入在北部突出，园区呈现南区方正、北区东西略扁长的形态。路径在原有的基础上继续东行，绕过东弇折向西，一路至北院，完成"S"形流线，或从西弇支路北上亦可。

2.3.6 弇山园后期增建

在之后的万历八年（1580 年），王世贞修行昙阳观短暂离开弇山园，"屏家室，栖于一茅宇之下。"《疏白莲沼筑芳素轩记》也有此记录："入昙阳观，奉香火者六载。"《吴汝震》："庚辰孟冬朔，复弃弇园，携瓢笠及佛道书数卷，入白莲精舍。"⑤《弇州山人年谱》同录："万历八年：十月朔，移居白莲精舍。"后于万历十二年（1584 年）移居乡里故居与子士骐约圃草堂，"避之乡居颇闻寂"⑥《弇州山人年谱》："万历十二年：公避喧村中故居。"复又回归弇园，"三月而后，复治弇。"

到万历十四年（1586 年），王世贞书《疏白莲沼筑芳素轩记》、《来玉阁记》，时隔六年再一次出现弇山园中景观的修缮："丙戌冬，乃募工更疏之至四丈许，又深之，取其土为土山于沼之南，高与东坞埒。"⑦之后《王明辅》记录，期间："又于小祇园增一邱，一岛，一渚屋十余椽，水木芙蓉数百本。"⑧《徐子与》："其间小祇园增一丘一岛屋数椽"⑨，一邱即西北土冈，一岛应是小浮玉。可

① （明）王世贞 . 题弇山园八记后 . 见文献 [1]，卷 160。
② 文献 [4]："万历八年（庚辰）条：秋，元美除南京大理寺卿，八月，为南给事中杨节论劾回籍，自是栖息弇山园。"
③ （明）王世贞 . 题弇山园八记后 . 见文献 [1]，卷 160。
④ （明）王世贞 . 答范司马 . 见文献 [2]，卷 175。
⑤ （明）王世贞 . 吴汝震 . 见文献 [2]，卷 183。
⑥ （明）王世贞 . 疏白莲沼筑芳素轩记 . 见文献 [2]，卷 65。
⑦ 同上。
⑧ （明）王世贞 . 王明辅 . 见文献 [1]，卷 120。
⑨ （明）王世贞 . 徐子与 . 见文献 [1]，卷 118。

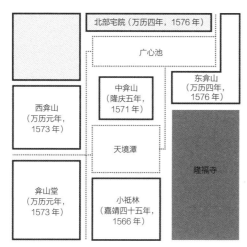

图10　北区宅院时期布局

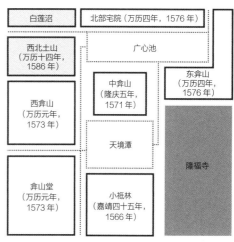

图11　弇山园后期增建布局

见，复回园林的王世贞增加了西北土山和白莲沼一域的景观营造，西北部垂直高度的增加，与东向山体呼应，使得北区水域围合更为紧密（图11）。

自嘉靖四十五年（1566年）初建小祇园至万历十八年（1590年）王世贞卒，他晚年大部分时间都在这座园林中度过，在《与欧桢伯》文中王世贞感叹："小祇园成矣，坐卧三十年，退笔成冢，败瓮作丘。"[①] 坐卧三十年之说，可能指购地之始。

3　从文字园林到空间重构

3.1　结构关系与空间重组：小祇林重构

通过"园址考证"一节的论述，想必对园林空间重组的概念有了初步的理解。文字园林平面重构是提取园记描述中相关空间信息，分级拆解园区—景域—空间单元—景象元素，在方位论证和尺度考据基础上，依据陈述路径序列和视域展开的关联，重组各单元之间的相对位置，完成结构关系拓扑图；基于结构关系，分析场景成分—组织—效果，实现具象平面的绘制；对局部园记记录不明处结合图卷调整单元链接，推测补白，整合单元场景完成最终平面。

在上一节中已经完成了园林景域的拆离，这一节具体以园林最早经营的小祇林为例，进一步讨论文字园林向平面园林重构的关键阶段——结构关系拓扑图的绘制过程。选择小祇林解说的主要原因在于该景域空间单元组成较少，结构关系简单，路径清晰无往复，适用于对研究方法的阐释。

3.1.1　原文信息提取

用"加粗"标出景象单元，用"○"标出空间方位，用下划线标出尺度和数量，用"斜体"标出场所环境的印象形容。

"记二"：入门，则皆织竹为高垣，名之曰"**惹香径**"。径至㊧而既，得平桥，曰"**知津**"。高垣之㊧方，以步武计，杂植榆、柳、枇杷数株，藩之以栖鹤，名之曰"**清音栅**"。㊨方除地为小圃，以晦计，皆种柑橘，名之曰"**楚颂**"。径之㊥有墙隔之，中通一门，颜之曰"**小祇林**"。入门而有亭翼然，㊧列美竹，㊧㊨及㊤三方悉环之，名之曰"**此君**"其㊧，竹中辟为路。转而为竹之㊤，一乔峰独立，名之曰"**点头石**"。去峰之十武，得石桥，名之曰"**梵生**"。盖至此而*目境忽若辟者*，**高榆古松**，曰"**清凉界**"。㊨方循桥直上可数丈，得阁，其㊧㊨室。轩㊤植数碧梧。自此而㊦，水隔之，路遂穷。阁之㊧，有隙地，与中岛对，踞水为华屋三楹，名之曰"**会心处**"。㊤植梨、栗、来禽数十本。㊨则**鹿室**。

3.1.2　景域分区与单元构成

分列景域空间单元，区域内再次分级组团：小祇林景域包含15个空间单元，以水、墙分离3个组团（表2）。

小祇林景域分组　　　　　　　　表2

内部分组	景区范围	空间单元
A 南部	入园至墙	弇山园门、惹香径、知津桥、清音栅、楚颂
B 中部	垣门到桥	小祇园门、此君亭、竹径、点头石
C 北部	过桥抵岛	梵生桥、清凉界、藏经阁、会心处、鹿室、藏舟石屋

① （明）王世贞 . 与欧桢伯 . 见文献 [1]，卷 122。

3.1.3 重要节点考证：园林的开始

《弇山园记》中大部分的行进方向有着明确的描述，在"方位推断"一节中已经论述了文本采用的路径视角与地图视角的一致性，也提到文本记录存在方位描述缺失的问题，需要结合环境信息进行推理和判断。小祇林景域起点弇州门的方位和惹香径的走向在园记中表述模糊，作为园林的起始对后续景象单元的连接有着决定性的意义。研究拟从两个方面——路径起点与终点、相关空间单元布局的合理性——对园门的开启与入园小径的方向展开推理。

惹香径起点和终点的定位很大程度上决定了路径的行进方向：从终点来看，"径至㊪而既"，其终段路径方向已经明确由东而西；从起点来看，"自'隆福寺'而㊪，小溪渺渺，垂柳交荫，而吾园实枕之，扁其门曰'弇州'。入门"为惹香径的起点，因而弇州门的朝向决定了小径的起始方向。

入园前最后描绘的园外景象是西侧的隆福寺和南向的清溪，因此，关于外户弇州门的开启只能存在两个朝向，无外乎是与隆福寺相对面东，或者是与清溪相对面南。由此做两种假设：外户与隆福寺相对，园门东向，惹香径的起始段路径由东而西，结合终段方向，整个径向一路向西；园门面对清溪，园门南向，惹香径的起始段路径就由南向北，起始段与终段之间方位有异，中途似有转折，然而于《弇山园记》中未有记录。从园记的记述来看，径向

东西是比较合适的。

再尝试从惹香径周边景象布局的合理性考虑，来看《弇山园记》中与其关联的空间场景描述："高垣之㊧方……名之曰'清音栅'。㊨方除地为小圃……名之曰'楚颂'。径之㊐有墙隔之，㊥通一门，颜之曰'小祇林'。"

若弇山园门东向，惹香径的方向由东而西，清音栅与楚颂必然同时分布在径之南，东西并列排布，径之阳，取"向日为阳，背日为阴"解，即路径朝向太阳的一面——径的北侧，根据描述，径北有墙，中有小祇林门；若外户朝南，路径起始北行，中途折向西，清音栅与楚颂分列路径东西两侧，北向墙垣位置不变。将两种情况分别绘制如图12、图13所示。

两个推论在逻辑层面都能得到解释，没有发生明显的空间矛盾，取图卷以佐。绘制于万历二年（1574年）的《小祇园图》，在图幅下方描绘了弇山园南向的入口，当时园林尚未完成，因此缺失了东部的景象，图卷左侧的园墙被切断了，是否另有出入口的设置并不知晓；到了万历十二年（1584年）前后，随《弇山园记》同期绘制的木刻园景图中，竹林东部水域被填为陆地，出现了两处园门，新增加的一处转向东南角部，结合造园经历，后期园林外户可能发生了改变，因而园记中并没有记录惹香径的转折（图14、图15）。

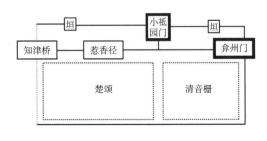

图 12 开户向东

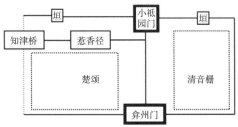

图 13 开户向南

图 14 钱毂《小祇园图》中入口

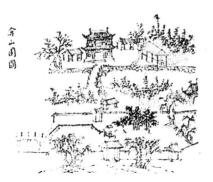

图 15 《山园杂著小序》木刻弇山园景图中入口

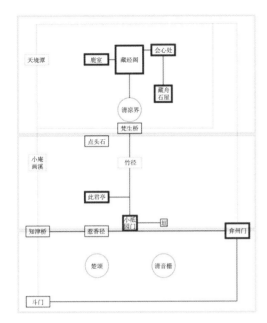

图 16　小祇林区空间单元结构关系

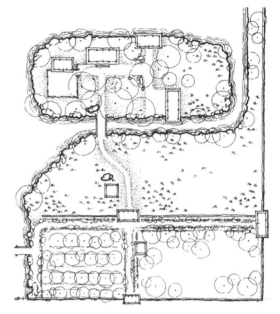

图 17　小祇林区重构平面示意图

3.1.4 结构关系重组

通过园记叙述，主人引导读者进入这条小径，景域十五个空间单元沿途串联组织，少数场景通过视域可见联系起来，行为的变化暗示单元出现的时间顺序，空间场景的序列与路径的行进是一致的，依次判断相邻两个单元的方位关系，进而连接整个景域，得到这一区域的空间单元结构关系图（图 16）。

3.1.5 具象平面绘制

在结构关系基础上，补充图景细节的具象形态，对局部空间结合图卷调整单元链接，推测补白，完成对平面版图的具象绘制（图 17）。绘制工作结合两卷图景并参考刘敦桢先生《苏州古典园林》实测案例尺度与植被图式。

3.2 从分区结构到整园平面

余下园林六个景域的绘制过程与小祇林相似，不赘。结合上述"弇州六造"一节园林景域分区（图 18）和两卷图像，绘制整园空间单元结构关系，并完成具象平面。

3.3 比例研究与园区形态微调：横向构图的纵向更改

在"弇州六造"一节研究讨论了园林景域构成的初步轮廓，结合上一段景域单元结构关系和平面重构，已经可以整合园林的完整布局形态，这一节将论述的重点放在园林空间尺度和比例的调整修正上，以实现平面重构的合理。

3.3.1 《弇山园记》中数据

《弇山园记》关于尺度数据最明确的记录是园林占地

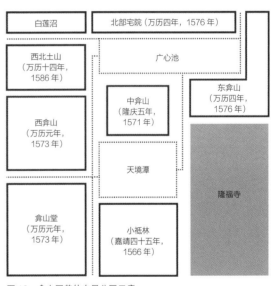

图 18　弇山园整体布局分区示意

面积："园，亩七十而赢，土石得十之四，水三之，室庐二之，竹树一之，此吾园之概也。"研究初期考据了明代相关尺度概念之间的换算关系，70 亩相当于现在的 4.48 公顷。

1. 南北向的尺度界定

《弇山园记》中涉及园林南北尺度界定的相关记载有二：

第一次出现的重要数据在"记三"立于知津桥北望小庵画溪的视野感知描述："北亘数十百丈，溪尽而两山之趾出"。明丈约 3.3 米，百丈有三百余米，"数十百丈"将会更长，这是园记中尺度记录的最大数值。如果这是知津桥北至中、西两弇的真实距离，那么园林南北距离至少在300米之上，加之后期扩增的北域广池和宅院，园林的纵向长度将会继续提升。然而，出现在"记八"舟游一篇中对于相关路径的描述却有很大出入，水路的起始段是长溪在珪岛前东折的支流，北上至中弇散花峡，这一段路径与小庵画溪流向并行，南北距离包括珪岛和天镜潭的纵向长度，与长溪主流段相近。文中记录舟行："**直北可数丈，则为中弇之东泠桥**"，这里数丈的描述显然不会超过十丈（33米），尺度仅指天镜潭的南北距离也略显短小，与上文记载差距甚远。可见，"数十百丈"的行文很可能带有文学夸张成分，但足以说明的问题是长溪南北尺度在游园过程中给王世贞留下了深刻印象。

另一处比较明确的南北尺度描述出自弇山堂北的莲池接磬折沟一段：莲池，"**东西可七丈许，南北半之**"，南北长度3.5丈，约为11.55米；磬折沟，"磬折"，曲折之态，溪涧至少转折了三次甚至更多，"**沟十步一曲**"，一折十步约16米，那么，磬折沟少说三折50米有余。加上莲池跨度，这一段距离应该在60米之上。

2. 东西向的尺度考虑

《弇山园记》中对外围轮廓具有决定意义的东西向数据记录有北院振糜廊的长度："**高垣，其下修廊数十丈。**"数十丈不及百丈，在330米以内，这同样也是文本记录东西向的最大尺度。

其他重要的数据包括：香雪径在饱山亭处东折，"**复折而东数十武，则径之事穷**"，半步为武，一武约0.8米，数十武在80米以内；另一处从东泠桥至分胜亭也有相同的距离记载，"**东转皆曲径，逶迤而上数十武。**"两者相加，东西向长度将百余米。

这样看来，文本中南北向的最大尺度出现在300米有余，东西向也超过百米。在4.48公顷的园林占地前提下，按照最简单的矩形形态计算，若纵向尺度为300米，那么横向距离不会超过150米，这样的园林形态似显狭长。

3.3.2 图中形态

1. 舆图中南北略长的矩形范围

弇山园坐落于隆福寺和武圣庙之间的地块，在清《（嘉庆）直隶太仓州志》太仓城图中可以最初勾勒出一个大致纵横比例相近的方正范围，相较东西两侧宗庙相夹，南北纵向呈现比较放松的状态（图4）。

2. 钱毂《小祇园图》描绘的南区形态方正

在万历二年（1574年）绘制的《小祇园图》的描绘中，画面东部的构图出现断裂，园区并不完整。画面中园林在这一时期呈现比较方正的外围形态，采用的是俯瞰视角，带有一定程度的视觉变形，南北长度被艺术压缩了。

画面中靠前的南区平野有着相当重要的分量，占据了更大的画幅，长溪、沟涧、路径、桥梁以及建筑的方位都呈现南北向，暗示了纵向延伸的格局；将北部西弇和中弇两座石山挤压到中线偏上，两弇东西展开的布局态势与南部对比非常明显，很容易让人联想在东弇的完成后，园区北部的形态将朝着横向发展，补全东部的构图（图1）。

3.《山园杂著小序》中木刻园图景册页展开的弇州景域

十年后的木刻弇山园图景，表现了园记时期完整的园林。图卷将园林分为五个区域描绘，特别之处在于增加了路径和空间命名，目的是对应文本更清晰地表述园林空间组织和布局（图2）。

比较两幅图卷，可以看到万历二年（1574年）之后园林的增建和修改：

西弇的形态在两卷中差别很大，前者西弇的整体性更强，突出表现石山强势的垂直高度，路径被掩盖在峰石中；后者则采用了一种平面模式，更多地弥补了《弇山园记》中复杂流线带来的空间混乱，"弇山堂"册页和《小祇园图》反映了西弇南向面山的景观组成，在"西弇"册页的绘制中将东西横向展开的山体向北偏转，更多地为读者展现了背部区域的流线。综合几帧图像，可以发现《小祇园图》中西弇的绘制似乎将遮挡背后北段拼接到了前面，山体的形态很可能更为团簇集中，而并没有那么水平延展。一方面在木刻景图中有所反映，更重要的原因在于《小祇园图》中西弇的东向蔓延几乎将中弇的位置压迫到了图幅的边缘，与园记描述藏经阁与中岛的对应关系产生了偏差。

中弇的情况类似，木刻景图中同样反映了南向主景面路径和景象空间的组织关系，结合西弇一帧，可以看到西弇结束于东北角落的环玉亭，通过月波桥与中弇相接，主要山体相对中弇偏向了南部。

"东弇-北院"一帧是《小祇园图》中没有绘入的场景。在"中弇"册页中描绘了连接两弇的东泠桥和东弇的西南段景象，"东弇"册页连接上一页，构图为结合反映北区水域和建筑群落，主要勾勒了东弇北折的阳道路径和空间形态，山体的表现并不完整。关联"中弇"一帧和这一时期园区东北的扩张，分析东弇形态呈现倒转的"S"形，主要山体位置在中弇以北，目的是连接北院建筑群落，围合出广心池水域，与更为后期营造的西弇以北土山相对。

北区水域广心池通过东弇、北院和西部土山限定。比较《小祇园图》中已经出现的建筑，北院增加了东西走向的长廊和连接东弇的来玉阁。两图中广心池的尺度差距很大，一方面缘于《小祇园图》向上翻起的视角引起南北尺度的压缩，另一方面也可能万历二年时期的园林范围并没

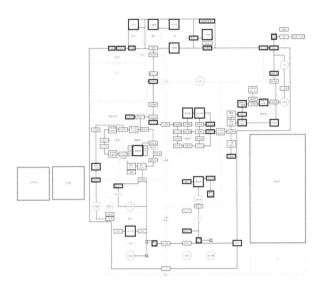

图19 弇山园空间单元结构关系示意图

有扩张到后期的程度，出现在画面中的水阁并不是《弇山园记》中所述的文漪堂。同时，木刻园景中可以看到池中心的小浮玉岛，主人"记八"中舟游环岛，也从侧面暗示了广池富足的水域尺度。

上述弇山园陆续扩张对空间比例的影响以及图卷中对园林的描绘，结合尺度论断，研究认为园林基本处于纵横接近的矩形形态，南北纵向长度相较于东西应该略有增加。最终所绘制园林平面南北长 240 米，东西长边 225 米，短边 165 米，东边切掉隆福寺的一角是 150 米 × 60 米，面积 4.5 公顷，是比较符合园区 70 亩占地面积记录的。

弇山园完整空间结构关系图和重构平面图见图 19 与图 20。

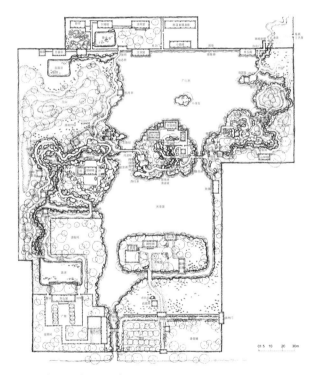

图20 弇山园重构平面示意图

参考文献

[1]（明）王世贞．弇州山人四部稿 [M]．台北：伟文图书出版社有限公司，1976．
[2]（明）王世贞．弇州山人续稿 [M]．台北：文海出版社，1970．
[3]（清）王昶．嘉庆直隶太仓州志 [M]．清嘉庆七年刻本．中国基本古籍库．
[4]（清）吴荣光．历代名人年谱 [A]．上海：商务印书馆．民国 19 年 4 月．
[5]（清）钱大昕撰，陈文和主编．弇州山人年谱 [A]．嘉定钱大昕全集．南京：江苏古籍出版社，1997．
[6] 顾凯．明代江南园林研究 [M]．南京：东南大学出版社，2010．
[7]（美）高居翰，黄晓，刘珊珊．不朽的林泉：中国古代园林绘画 [M]．北京：生活·读书·新知三联书店，2012．

谐趣园造园艺术特征的分析与评价

庞李颖强

谐趣园作为清代皇家园林写仿江南名园的案例，历来评价褒多贬少：褒者，多赞赏谐趣园步移景异的游赏之趣；贬者，多批评谐趣园内建筑体量过大，人工痕迹过重，失去了写仿对象寄畅园的文人气氛。但是，笔者在此提出一个新的评价观点：每个历史时期谐趣园园主不同，对园林的使用需求也不同，从历史发展的角度看，每个历史阶段所对应的园林在其空间布局、功能实现以及园林氛围方面均是达到了园主的造园意旨，在这个层面上讲，谐趣园是皇家园林园中园艺术的代表作；从园林艺术的角度看，谐趣园对寄畅园的写仿确实存在"形似神不似"的生硬痕迹，这个层面来讲，谐趣园的写仿存在商榷之处。因此，有必要从历史发展的角度，尽可能客观辩证地看待谐趣园写仿寄畅园，为研究古典皇家园林艺术特征提供一种可参考的评价思路。

1 谐趣园历史变迁

谐趣园是清代皇家园林颐和园内的园中园，位于霁清轩的南面，万寿山后山东北麓，始建于乾隆十六年（1751 年），原名惠山园，是仿江苏无锡惠山脚下的寄畅园而建的。嘉庆十六年（1811）改建此园后更名谐趣园。光绪十七（1891 年）年重建谐趣园时又有增改。谐趣园作为清代皇家园林中的经典园中园，园林艺术特征明显（图 1）。

谐趣园的步步转变是园主更迭的反映。园主更迭是时间轴上的变化，谐趣园造园的变迁是空间线上的变化，时间轴的变化烙印在大地上，就有了不同时期的园林风貌。在分析谐趣园各时期空间布局、功能实

现以及园林氛围的改变时，应溯源到对应历史背景下，探究其对应园主的造园意旨，遵循"关注造园意旨→分析功能需求→再看造园成败"的研究思路。现分乾隆、嘉庆、光绪、当代四个时期进行评述：

1.1 乾隆（惠山园）：最像寄畅园的写仿

乾隆皇帝以园仿园的第一件作品，是在清漪园修建的写仿无锡寄畅园的惠山园，"江南诸名墅，惟惠山秦园最古，我皇祖赐题曰寄畅。辛未春南巡，喜其幽致，携图以归，肖其意于万寿山之东麓，名曰惠山园"。惠山园"台榭全将秦氏图，宛如摘藻咏游吴"，此处结构位置与惠山秦氏寄畅园大略相仿，因名。此时的惠山园整体风貌疏朗有致，山林气息浓厚，虽为皇家园林，但其堂皇之意深隐，"文人园林的简远、疏朗、雅致、天然"[1] 在惠山园中表达较好。惠山园以山为重点，以水为中心，建筑数量不多，分布疏朗，多为开敞小巧的观景建筑，初建时池东

图 1 谐趣园鸟瞰图

为载时堂，其北为妙墨轩，园池之西为就云楼，稍南为澹碧斋，池南折而东为水乐亭，知鱼桥，根据惠山园仿寄畅园的布局形式，此时霁清轩是惠山园内的小庭院，轩后有石峡；假山密披植被，山势走向延续万寿山东麓走向，山形向东方舒展，建筑隐于山林间，观山不见人工痕迹，满目郁葱，不知其深；临水建筑分布松散且数量较少，大多退水，观水少闻匠作雕琢，入目旷达，不知其远。

乾隆时期是清朝繁盛时代，社会生产力空前提高，国库充盈，君主心态开明而自信，对园林的"携图以归"是君主"集大成"网罗天下珍奇的心态的反映。缩移寄畅园于清漪园中，惠山园成，与清漪园性质相同，为皇家游憩、闲赏之地。乾隆留下吟咏惠山园诗150余首，吟咏间感念自己南巡之乐，欣叹惠山园山林之野趣。惠山园承载的是一代君主对南巡盛事的怀念和对江南名园的喜爱，尽可能地向摹仿蓝本寄畅园靠拢，以供君王休闲言志，所以此时的惠山园是最接近寄畅园的写仿案例，园林布局充满山林野趣的疏朗，园林氛围近文人而远皇室。所谓肖寄畅园而建，如乾隆在《惠山园八景诗序》中所说"略师其意，就其天然之势，不舍己之所长"，因此不过是神似而已。

1.2 嘉庆（谐趣园）：怀念先祖的重修

嘉庆十六年（1811年）的改造，不仅在于建筑体量和数量的变化，更多的是建筑位置的更改和增建，"环廊池周，断山于垣"，惠山园时期以自然为主的山水风貌发生改变。嘉庆年间改惠山园之名为"谐趣园"，新增建筑涵远堂，涵远堂体形巨大成为整个园子主体建筑，与惠山园相比，霁清轩作为院落被独立出来，因此从谐趣园的范围上来说，相当于缺失了霁清轩部分。此处应当说明，涵远堂并不是在墨妙轩的基础上改建的。在已有的文献资料和游览解说词中，常有一种说法——嘉庆十六年，涵远堂是在墨妙轩基础上改建而成。笔者查阅《颐和园园史查档工作总结报告》（耿刘同，2007），其中指出在经过颐和园园史查档工作后，对清册进行对比发现，"过去讲解词里的涵远堂是墨妙轩的改称是错误的，墨妙轩改名后即是现在的湛清轩，而涵远堂可能是仁芳殿，也有可能是嘉庆十六年前改修的。因为里面的许多陈设品原是仁芳殿的，但建筑结构又不和仁芳殿完全相同。至于为什么要改名称，特别是作为乾隆的儿子嘉庆胆敢改动'祖制'，这里面应该是有原因的。我们做了一些努力，但在档案里未能发现"[2]。

（a）惠山园设想平面图（乾隆时期）

1 园门
2 澹碧斋
3 就云楼
4 墨妙轩
5 载时堂
6 知鱼桥
7 水乐亭

N
0 10m

（b）谐趣园设想平面图（嘉庆时期）

1 宫门
2 知春亭
3 引镜
4 洗秋
5 饮绿
6 澹碧
7 知春堂
8 小有天
9 兰亭
10 湛清轩
11 涵远堂
12 嘅新楼
13 澄爽斋
14 霁清轩垂花门
15 霁清轩

霁清轩部分

N
0 10m

图2　乾隆惠山园与嘉庆谐趣园的对比（图片来源：改绘自参考文献[1]、[6]）

嘉庆本人并没有乾隆的诗情画意，对诗画建园一畴并不经营，对惠山园的整修也是"念其皇考意"，根据嘉庆御制《谐趣园记》可对当时重修园子的意图略作一探："万寿山东北隅，寄畅园旧址在焉。我皇考南巡江省，观民问俗之暇，驻跸惠山，仿其山池结构建园于此。……园近湖滨，地多沮洳，庭树渐觉剥落，池陂半已湮淤，况有石刻御诗，奎光辉映，岂可任其倾圮，弗加修治哉？爰命出内帑之有余，补斯园之不足。犁榛莽，剔瓦砾，浚破塘，去泥淖，灿然一新，焕然全备，而园之旧景顿复矣。地仅数亩，堂止五楹，面清流，围密树，云影天光，上下互印，松声泉韵，远近相酬。觉耳目益助聪明，心怀倍增清洁，以物外之静趣，谐寸田之中和，故命名谐趣园。……每闲数日一来，往返不过数刻，视事传餐，延见卿尹，仍如御园勤政；何暇遨游山水之间，徜徉泉石之际，流连忘返哉？敬溯先皇之常度，敢敢少踰。惟知勤理万几，乂安兆姓，是素忧也。或曰：然则山水泉石之趣，终未能谐，名实不副矣。予曰：云岫风萧何尝有形迹之沾滞，存而勿论可也。"[3] 由诗文可得，嘉庆出于对乾隆的敬爱和怀念之情对惠山园投以关注，他本人作为新一任园主对谐趣园却并无太大需求，嘉庆朝留下咏清漪园诗仅19首，其中却无对谐趣园的表达。但此时的谐趣园功能仍以游赏为主。

1.3 光绪（谐趣园）：窘迫皇权中的偷娱

光绪十四年（1888 年）颁诏改"清漪园"为"颐和园"，光绪十八年到二十年（1892 ～ 1894 年）间对佛香阁、德和园、谐趣园进行整修，重建后的形式基本保留至今。谐趣园的整修体现在建筑比重的加大——加建西南角的四方亭"知春亭"、水榭"引镜"，建筑数量增多，建筑之间以长廊连接，全园被建筑包围，这种用曲廊等把建筑连在一起的做法，与北海静心斋类似，便于帝后在园中游赏和憩息。惠山园时期的山水间点缀建筑转变为建筑间偶露山水，这一转变破坏了原来以山水林泉取胜的山水环境和山林野趣，人工气氛过浓。但是，从园林的使用功能上来说，这种处理的手法对于创造清静优雅的环境氛围，还是起到了非常有益的作用。

此时的清朝内外交困，国将不国，甚至连君主都有居无安所的忧虑，然而慈禧仍然下旨整修颐和园作为她长期居住的离宫御苑。"颐和园建成后，几乎每年的大部分时间那拉氏都住在园内。一般是正月就带着载湉来到颐和园，直到十一月才返回紫禁城或三海。她在园内接见巨

僚、处理政务、举行典仪，因而园林的性质已经改变为离宫御苑，成了与紫禁城相联系着的政治中心。"①

这样的历史背景下衍生了不同的君王心态，对谐趣园的使用功能产生影响：谐趣园毗邻慈禧长期居住的乐寿堂，其游赏频度大大上升。此时清王朝的实际主宰者慈禧太后因国库匮乏，局势动荡，再无乾隆朝南巡赏天下景的现实条件，安于颐和园，却也困于颐和园，对颐和园的观赏需求大大增加，希望于一方天地中赏自然之奇、人工之巧。要满足君主长期、高频度的游赏要求，建筑比重加大、景观点密集化成为必然：以游赏功能为主却不具备居住条件的敞轩敞亭淘汰，为满足君主游后小憩，体量巨大显示赫赫皇威的堂、斋地位上升；居无乐事，君王希望坐于堂中即赏四时之景，观风云雨雪，赏阴晴晦暗，故而需环建筑周身加建长廊（遮阳挡雨）以供君王在任何天气下环游小园或满足其檐下观雨荷的观赏需求。

1.4 当代（谐趣园）：历史厚重的开放公园

当代是指 1949 年迄今。直到 1924 年溥仪被逐出宫，颐和园才收归国有，性质由皇家私有转变为国家公有，后在新中国成立后经政府多次专款整修并开放游览，颐和园的使用者才由皇家变为大众。2010 年，颐和园管理处对谐趣园进行了新一轮修缮，修缮工程最大程度维持历史原状，基本保持了光绪年间重修的风貌。修缮过后，霁清轩不对外开放。

现状的霁清轩自成一院，且不对外开放，游者常至的谐趣园实际只是原来惠山园的南园部分，以水体空间为主，偏向水景园的环境格局，不再是原来山水园的环境。这一改变也造成了谐趣园游览路线的变化，现状的游览路线成为环谐趣园一周的环形路线：园门—知春亭—引镜—洗秋—饮绿—澹碧 / 知鱼桥—知春堂—小有天—兰亭—（湛清轩）—涵远堂—瞩新楼—澄爽斋—园门。

在当代，当大众代替皇家成为园林实际使用者之后，颐和园的性质与功能发生转变，游赏、教育、生态功能上升。游人再评谐趣园时会更考虑其背后体现的皇家轶事和百年历史，这样的考评角度不免就会因为谐趣园所承载的百年盛名而带来大肆褒奖；此外，时代的发展也带来园林艺术的普及，越来越多的园林工作者开始重新审视谐趣园的造园风格，如此，谐趣园建筑与山水比例失衡的缺陷就显而易见。所以对于当代谐趣园的评价仍然亦褒亦贬。

---

① 来自颐和园官方网站，"颐和园园史"部分 . http://www.summerpalace-china.com/jgjd/792.html.

2 惠山园与建园蓝本的对比

由前所述，取法寄畅园在皇家园林中建园的时期主要是清乾隆朝，能够体现写仿思想的也是清漪园时期的惠山园，其后谐趣园的修建不再以写仿寄畅园为造园意旨，故而选取惠山园与寄畅园进行对比。

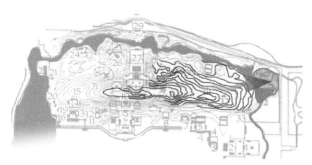

图3　惠山园选址特征示意（图片来源：改绘自参考文献[1]）

2.1 基址环境：山水环境的全面摹仿

2.1.1 惠山园的基址环境

惠山园：山之脚—万寿山东麓；水之转—后山后湖水系转而南下入前山前湖。山联—万寿山山体连绵，山势东行渐收，惠山园于东麓建园，似迎山入园，山体收脚缀以惠山园，地理位与景观位皆为上作；水动—"万寿山东麓的地势比较低洼，从后湖引来的一股活水有将近两米的落差，经穿山疏导加工成峡谷与水瀑，汇入园内的水池。"

2.1.2 寄畅园的基址环境

寄畅园：地处锡惠两山之间平坦低处，园内地形是惠山东麓地形的顺延，惠山高大且山势陡峭成为寄畅园天然的背景，锡山低缓小巧，其山顶的龙光塔成为寄畅园可收纳的园外借景；附近有天下名泉，泉水密布，但均以暗渠进园。园内高差4米。[4]

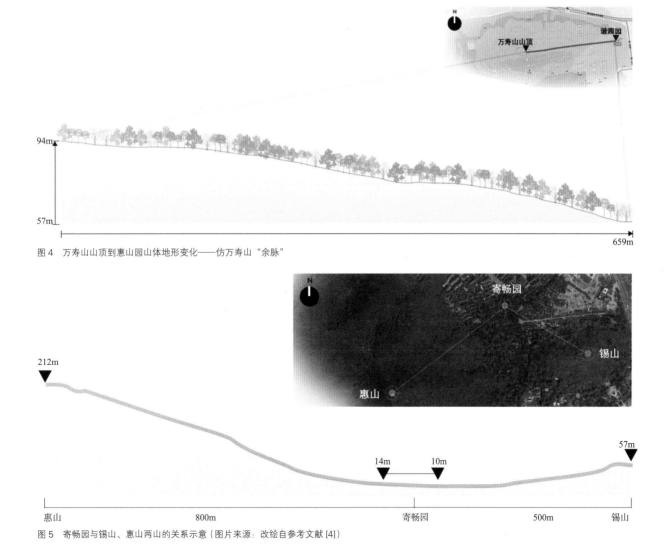

图4　万寿山山顶到惠山园山体地形变化——仿万寿山"余脉"

图5　寄畅园与锡山、惠山两山的关系示意（图片来源：改绘自参考文献[4]）

基址环境对比 表1

比较项目	寄畅园	惠山园
地	惠山锡山两山山麓之间平坦低洼处	万寿山东麓平坦处
水	周围山泉众多，汇水点密集，泄水暗道畅通，活水	自万寿山后山引泉入园，水源来源单一，活水
山	西有惠山，高大陡峭，成为天然背景，山势入园，仿惠山余脉；东南有锡山，距园500m，山顶龙光塔成为借景"被看"对象，视线外拓，景深加大	西有万寿山峰顶为倚借，北望远有村野之景和远山群峰，东眺有圆明园水网交织
植被	锡惠风景区有大面积的天然植被，凤谷行窝原址为古庙，存有千年古树和良好的林地基础，基址植被环境良好	万寿山前后山交界处，松柏遍布

建筑对应关系 表2

惠山园	寄畅园	园林构景中的意义
载时堂	嘉树堂	山池空间主要观景建筑，堂前退水留白，虽然载时堂在惠山园水池东，嘉树堂在寄畅园水池北，但堂前风景无二致，都可以拥有全园最长的观景视线，亭榭、山石、林木层层展开
水乐亭	知鱼槛	收束水面，丰富空间。不同的是，知鱼槛因有鹤步滩的相映成趣对水体的收束效果更明显，景致变化更多，水乐亭似有些孤掌难鸣之意
澹碧斋	先月榭	都可于此处回望园林区主体建筑
就云楼	天香阁	两层建筑，于高处观望借景远山，俯瞰水面之处
墨妙轩	梅亭	假山山顶观景建筑，就山之高为更高
玉琴峡	八音洞	逐层跌落的流泉，借园林造景自然落差之势引水入园，水趣无穷，其流泉跌落之音响也构成园林"声趣"
寻诗径		假山上的路径，因其勾连洞窝谷峰，曲折幽致，最能激发诗情，乾隆命名为"寻诗径"

2.1.3 小结

在选址立基方面，惠山园尽可能与寄畅园保持一致，甚至根据寄畅园的环境在万寿山创建相似的造园条件，意图全面摹仿寄畅园的山林环境、水景意趣以及借景艺术。因此，丛园林要素组成这一角度看，两个园林都是以水为中心，以山为重点，在园林布局等方面惠山园做到了形似。

2.2 建筑构景：园林棋局的气眼所在

每栋建筑都是园林里的一个点，在建筑方面，惠山园对寄畅园的写仿，不仅仅是点位的对应摹仿，更在自身的园林大盘里多加琢磨，仔细经营建筑位置与规模，力图使每个建筑成为园林布局中的点缀，避免做成建筑的附属园林，在这点上，可以说建筑的摆放是园林构图这盘大棋中的气眼所在。建筑所营造的空间做到了写仿对象的形似。

2.3 园林氛围：山林野趣难掩皇家气派

寄畅园追求的是山林野趣，表达的是园主的文人雅致与隐逸思想。园林同诗词一样是园主言志的载体，寄畅园园主希望表达的山深水远的意境可通过对园林布局的分析略作一探：园内山体水势均东西向延展，接惠山余脉，

"池西假山所接惠山余脉，携巨木荫翳逼池，遂成一派益然的山林意展无尽之势"[5]，林木深而山林成，山林茂密而隐建筑硕大、笨重之意；名泉入水，明不见其源，暗难寻其踪，细流由暗渠入园，渐汇成大水面，又有先月榭、知鱼槛—鹤步滩—七星桥的三段式处理，水体形态更富宛转，水面空间开朗与幽致并存，水景层次多了几分起承转合，水体藏头露尾不知其远。故此，寄畅园山林水意渐成，建筑人工气息隐于山水之间。

乾隆惠山园对寄畅园的写仿既摹仿其山林气氛，又不失皇家体面，惠山园身处清漪园这一气度恢宏的皇家御苑之中，承载了封建君王寄情园林的需求，表达的是君主"携图以归"、仿园于此的君王情怀。山林野趣难掩皇家气派：山石水体为主、建筑分散是有别于皇家园林的构园特征，但是建筑对位上仍然保持了一定的轴线关系，这是皇家气派的惯常体现手法，同时景题、景联也体现君王心怀天下、恭慎克己的态度，不同于寄畅园的文人情怀。因此，从写仿园林所追求的意境角度并不能达到与蓝本神似的程度。[6]

2.4 植物景观：乡土植物摹写植物意境

寄畅园的植物景观：园址所在即为茂密的天然山林，

图 6　谐趣园建筑连亘

建园充分保护和利用场地原有林木，百年经营中，园内高大林木蓊郁，据清道光二十六年（1846 年）《寄畅园嘉树记》记载，园内当时有竹园两处及树木 220 株左右。此外，园中植物还因地造景，"扉门名'清响'，这里种许多竹子；出去便是广阔的'锦汇漪'，……歌声悠扬，载酒捕鱼，往来于柳丝桃花间，烂漫绚丽如同锦绣。……往西北便是'含贞斋'，阶下有一松，松根片石，耐人玩味。出'含贞斋'便是山径，有'鹤巢'，'栖元堂'，'堂前叠石为台，种牡丹数十本'……"[7]，结合建筑意境创设精细的植物景观。

惠山园的植物景观：根据乾隆御制诗文、楹联、石刻中提及惠山园的词句分析惠山园时期植物种类主要有：松、柳、竹、桃花、菊花、兰花、荷花、菱、藤本植物等[8]。诗文"庭阳那碍苍松盖，几馥还欣绿字函"及玉琴峡石刻"松风"都记录了惠山园时期松林蔚然的景象，大片的苍松林与万寿山的松柏景观相合，苍翠长青之象也是皇家园林所追求的吉祥意境。诗文"淡月银蟾镜，轻烟丝柳堤"；"竹素今兮古，萝轩春复秋"；"偶来正值荷花开，雨后风前散清馥"；"山白桃花可唤梅，依依临水数枝开"以及楹联"菱花晓映雕栏日，莲叶香涵玉海波"都表达了堤岸绰约、水面清浅、绿影浮动的植物景观，是江南灵动轻盈、香气馥郁意境的仿写。

在植物景观方面，惠山园对寄畅园的写仿是摹其意而不摹其材料，选用乡土植物营建水乡意境：寄畅园高大林木与园外惠山的植被环境浑然一体，谐趣园中也在西北部营建松林山地，延续万寿山的植物景观：寄畅园多处建筑附属植物景观表达了江南水乡轻盈绰约的植物风韵，谐趣园中无法按照南方植物种类配置，但也按照不同的景题选用北方乡土植物材料来精细构景，追求的是共同存在的一种精神和文化导向。

2.5　外檐装饰：诗文绘彩画

谐趣园彩绘故事众多，题材包含经典历史故事、小说、诗词、绘画、昆曲、京剧等诸多方面，尤以教化德行、弘扬美德、风雅轶事为多。现举例见图 8、图 9。

图 7　寄畅园建筑掩映于植物山石间

把酒问月　　　　　孟浩然踏雪寻梅　　　　　陶渊明爱菊

苏小妹三难新廊　　　王羲之醉写兰亭序　　　文姬学琴

伯牙携琴访友　　　　三娘教子　　　　　　举案齐眉

图 8　彩绘——教化故事类（图片来源：http://blog.sina.com.cn/s/blog_62053add0102vnww.html）

宝黛阅西厢　　　　　火烧赤壁　　　　　　三国演义故事

过火焰山　　　　　　观音菩萨　　　　　　蓝桥捣药

陆五汉硬留合色鞋　　长生殿　　　　　　　钟馗嫁妹

图 9　彩绘——小说、神话故事类（图片来源：http://blog.sina.com.cn/s/blog_62053add0102vnww.html）

3 结语

评价谐趣园，应该有一种历史的、辩证的态度，不以古园古意盲目崇拜其意蕴绵长，不以名园盛名一味赞赏其风华夺目，不以当下对园林造景手法的评判标准评判其造园成败。就是说，既不以年代的今古妄断园林优劣，也不以园主或造园者的盛名与否肆论园林美丑，而是基于园林发展的历史阶段对其造园意趣、使用功能、景观效果进行评价，不武断地以今人的眼光定其美丑，从历史角度对其做出辩证的评价。园林与其写仿对象在形式上，通过园林要素的摹仿应用，园林布局等方面可以达到形似，但是在园林意境和风格等方面很难做到神似的程度。

从历史发展的角度看，谐趣园的每次变迁都基本满足了时任园主的造园意旨、景观期许和使用功能：乾隆时期惠山园是对寄畅园写仿最成功的时期，此时的园子满足乾隆大君主心态搜罗天下奇景入园的心理，在景观效果及园林氛围方面都尽可能与寄畅园的文人雅致和山林野趣相仿；嘉庆时期谐趣园渐渐脱离摹仿寄畅园的初衷，此时的园子是嘉庆感念乾隆而整修的，在景观效果及园林氛围方面属于惠山园和当今谐趣园的过渡期，园子的"皇"味和"野"味都不足；光绪时期谐趣园不再是寄畅园的写仿版本，由初建的观赏闲园转变为光绪、慈禧长期驻跸的离宫，园林功能从短期游赏变为居住及长期观赏，园子向景观密集化发展，皇家威严和匠作气息加重；当代谐趣园对公众开放，从皇家园林转变为公共园林，承担的功能也更多元化——生态绿化、历史教育、休闲游憩，维护修缮以保持历史原貌为原则，故而景观效果基本延续历史，但是据其公园性质增加很多景观设施。

参考文献

[1] 周维权 . 中国古典园林史 (第三版)[M]. 北京：清华大学出版社，2011.

[2] 耿刘同 . 颐和园园史查档工作总结报告 [C]// 中国紫禁城学会 . 中国紫禁城学会论文集 (第五辑下) . 北京 : 紫禁城出版社 ,2007.

[3] 刘若晏 . 清嘉庆帝御制诗文与谐趣园命名 [J]. 北京园林 ,1995,(2):39-40.

[4] 潘颖颖 . 传统山麓私家园林基址环境与空间研究 [D]. 杭州：浙江农林大学 ,2012.

[5] 董豫赣 . 双园八法——寄畅园与谐趣园比对 [J]. 建筑师 ,2014,（6）:108-117.

[6] 胡洁 , 孙筱祥 . "移天缩地"清代皇家园林分析 [M]. 北京：中国建筑工业出版社，2011.

[7] 杨忆妍 . 皇家园林园中理法研究 [D]. 北京：北京林业大学 ,2013.

[8] 马田田 . 谐趣园和霁清轩植物景观研究 [D]. 北京：中国林业科学研究院 ,2014.

圆明园与颐和园关系初论

张超

　　圆明园和颐和园（其前身为清漪园）都曾是我国清朝时期的大型皇家宫苑，现在是首都北京重要的文化遗产和旅游目的地，二者紧相毗邻，系出同源，关系不可谓不深。在此讨论它们的关系不是为了简单分出孰高孰下、孰优孰劣，而是为了客观揭示它们在历史长河中所经历的辉煌与沧桑，探寻它们在前世今生的流转变迁中所共通的属性和依存关系，这种分析讨论即是对历史真实的追寻，也是为了鉴往知来，为当今的管理利用提供史料依据，并为二者面向未来的协同发展提供有益的启示。圆明园和颐和园是中国文化的经典代表，体现了中华民族的智慧和创造力，价值丰富、功能多元，我们理应继往开来，弘扬优秀中华传统文化，促进二者在新时期充分发挥应有的价值功能，并在融入时代发展的洪流中被赋予新的生命内涵。

1　历史脉络方面

　　圆明园始建于清康熙四十六年（1707 年），最初是康熙赐给皇四子胤禛的王府园林，胤禛（雍正）即位后正式成为皇家御园，后又经几位皇帝的改扩建经营，其占地面积达 350 余公顷，建筑面积达 20 余万平方米，收藏文物陈设逾 100 万件，被誉为"万园之园"，在长达 138 年的时期内清帝平均每年有三分之二的时间在此居住和理政，军机处、六部、理藩院等部院衙门办事机构也一应俱全，并有圆明园八旗护军营和内务府上三旗护军营负责安全拱卫，圆明园成为堪与紫禁城比肩的政治中心。盛时圆明园是中国古典园林登峰造极的代表作，是清帝国的政治中枢，同时也是中国传统文化一部百科全书式的立体画卷。

　　颐和园的前身清漪园建于清乾隆十五年（1750 年），是乾隆以为母祝寿的名义兴建的，再之前则是陆续有一些水利建设方面的开发。全园面积约 290 公顷，共有建筑 101 处，文物陈设为四万一千余件。清漪园建成后，乾隆

和其后的嘉庆、道光、咸丰三帝常莅临园中拈香礼佛、祀神祈雨、观阅水操。偶尔亦在此处理政务。

　　1860 年 10 月，圆明园、清漪园、畅春园等西郊皇家园林被英法联军野蛮洗劫和纵火焚毁。这之后，圆明园仍是皇家禁园，依旧设有总管等官员，清政府对它仍积极管理，但客观环境使这种管理只能是勉力维持。1873 年，清廷曾试图部分重修圆明园，终因财力不足等原因而停修。清末，圆明园内的稻田、苇塘租给园户耕种，每年皇室收取一定的租金。1912 年末代皇帝溥仪逊位，根据民国政府给予清室的优待条件，圆明园仍属皇室私产，但园内遗物却被军阀和权贵们肆意攫取。1914 年 7 月，溥仪命裁减内务府官员，圆明园初次并入颐和园事务所管理，但圆明园总管太监及各处首领太监，依旧带领园户看守。无可奈何花落去，经过侵略者的洗劫、火劫，以及近 90 年间权贵、军阀、日伪反动势力等对残存古树名木、建筑石材、山形水系的持续毁坏，圆明园逐渐沦为了一片废墟。

　　清漪园在第二次鸦片战争中，未能幸免于难，文物陈设被劫掠，大多数亭台楼阁被焚毁。光绪十四年（1888 年），清廷以奉养慈禧太后之名，重建清漪园园林景观（修复工程一直持续至光绪二十一年），取"颐养冲和"之意，将其改称颐和园，颐和园开始成为慈禧主政晚清的政治中心。光绪二十六年（1900 年），八国联军侵占北京，慈禧太后携光绪自宫中逃至颐和园，后又逃至西安。战乱中，八国联军相继侵占颐和园，盘踞一年之久，园内陈设洗劫一空，颐和园遭受极大破坏。1902 年，清廷再次修复颐和园并大力充实园内陈设。1914 年，颐和园曾作为溥仪私产对外开放。1928 年，南京国民政府内政部接管颐和园，使其成为国家公园对外开放。民国政府接收颐和园后，曾开展了一些修整与保护工作，但因国家内忧外患的大环境，颐和园衰败的园林景观和维护管理并没有根本改观。

2 功能地位方面

圆明园是清中期即雍正、乾隆、嘉庆、道光、咸丰时期的国家政治中心，既见证了清代康乾盛世的荣景，是彼时国力鼎盛的直接成果体现，也见证了清帝国的逐渐衰落。颐和园是清末光绪、宣统时期，最高统治者在紫禁城之外最重要的政治和外交活动中心，戊戌变法、义和团运动、庚子事变等诸多重大历史事件均与此地息息相关，可谓是晚清历史的缩影。圆明园、颐和园继康熙时期的畅春园之后，在国家政治中枢功能方面具有传承关系，当然，这种政治中枢功能是与紫禁城互为表里、两位一体的。

圆明园和颐和园都具有怀柔远人方面的宗藩联谊与对外交往功能。清帝在圆明园更多情况下是接待蒙古、回部、西藏等少数民族首领以及朝鲜、越南、琉球等宗藩国使节，数十年间，万园之园确实呈现出万国来朝的壮观场景。尽管在圆明园也发生过接待英国马嘎尔尼使团与阿美士德使团、荷兰使团、葡萄牙使团等涉及西方国家的外交活动，但清帝顶多也就是将之视为传统宗藩模式的延伸而已。相对而言，在真正发挥近代意义上的外交功能方面，颐和园更为明显，光绪和慈禧太后曾多次在此接待西方使节。这是传统宗藩体制与近代外交的差别。

圆明园和颐和园都是清代皇室动用国家物力、财力，汇集能工巧匠，倾心建设、经营的大型皇家园林，堪称东方文化艺术明珠。二者都充分利用了海淀地区特殊地理环境所具备的山水形胜，达到了"虽由人作，宛自天开"的艺术境界，一定程度上反映了中国古代园林艺术的炉火纯青和登峰造极，体现了中国古代天人合一的环境理念，是中国古典园林集大成的代表作。它们所蕴含的山水文化、园林文化，具有显著的生态文明意义和价值。圆明园被誉为"万园之园"和"一切造园艺术的典范"，颐和园作为中国最后一座皇家园林更是被联合国教科文组织认定为"世界几大文明之一的有力象征"。

圆明园和颐和园不同于一般意义上的仅供游赏的皇家园林，它们集园林与宫廷功能于一身，统治者在此游赏、居住、理政，这类皇家御苑可称之为宫苑。对不同的园林主人来说，圆明园和颐和园既是他们真正意义上的"家"，同时也具有类似于生态办公区一样的功能，一幕幕的宫廷悲剧、喜剧在此不断上演。相比之下，乾隆时期的清漪园就不具备这么复合型的功能。正如乾隆所言："畅春以奉东朝，圆明以恒莅政，清漪静明，一水可通，以为敕几清暇散志澄怀之所，……。园虽成，过辰而往，逮午而返，未尝度宵"。这说明圆明园是居住和理政的地方，清漪园和静明园是养心消闲之所。需要指出的是，由于清中期皇室子孙和格格众多（这意味着服务保障人员就更多），清晚期皇帝都没有子嗣，所以，圆明园的居住群体是庞大和复杂的，而颐和园的居住规模则相对较小和简约。

在管理体制方面，清中期时，清漪园基本可以说是圆明园附属的园林，这从其园林配套设施和皇帝日常游园活动能够看出。在清漪园成为颐和园后，圆明园事实上也是颐和园的附属园林。（民国时期及新中国成立初期，圆明园遗址一定程度上归颐和园管理部门代管。）1949 年以后，二者关系相对疏离，颐和园基本属于北京市园林部门管辖（现属北京市公园管理中心管辖），而圆明园则归海淀区政府管辖。直至 2012 年，"三山五园历史文化景区"被写入北京市第十一次党代会报告，二者才开始被更多地纳入这一概念之下予以审视，有关部门日益致力于探索它们潜在的、可能的融合发展之路。

3 景观特点方面

圆明园和颐和园位于清代北京西北近郊，距离紫禁城仅十余里，西山余脉萦绕，河湖流泉密布，空间开阔、环境清爽、风光秀美，周边区域也便于布置安全卫戍部队，因此成为兴建皇家园林的理想之地。这里不仅往返北京城较为方便，可享城市便利，而且随着皇家园林的陆续建设，也繁华了周围的海淀、青龙桥、清河三大古镇，进一步确保了物资服务保障和供给。单从皇家居住条件和环境而言，这里相比于紫禁城是略胜一筹的，无怪乎乾隆要说"紫禁围红墙，未若园居良"了。

畅春园、圆明园和万寿山清漪园（颐和园）、玉泉山静明园、香山静宜园，被统称为三山五园。三山五园西以香山静宜园为中心形成小西山东麓的风景区，东面为平原内的圆明园、畅春园等人工山水园林，两者之间是玉泉山静明园和万寿山清漪园。静宜园的宫廷区、玉泉山的主峰和清漪园的宫廷区三者之间构成一条东西向的中轴线，再往东延伸交汇于圆明园与畅春园之间的南北轴线的中心点。这个轴线系统把三山五园之间 20 平方公里的园林环境串联成一个有机整体。各园之间互为借景，彼此成景，和谐统一，可谓是古今中外历史上最大规模的园林集群。清漪园位于圆明园西南方向相切位置，二者最短距离仅约一公里。

圆明园是平地造园的典范，是纯人工的杰作。它气势恢宏、典雅华贵，园林布局、山水空间设计都具有极高的艺术水平。圆明园所在地域原是多水的低地，地形西高东低。在建设过程中，通过挖湖堆山，地形地貌被重新塑造，成为一个山脉连绵不断、河湖遍布的大型人工山水园林。总体布局根据封建礼制、堪舆形学、皇家精神追求和物质享受等要求，并结合山水环境及功能需求，进行统筹规划。园内基本没有自然的真山，多是以土石堆叠而成的山，但其规模和形式却极为丰富。250 余座山体，尺度都不高大，一般的仅七八米高，最高的也就十五米左右，由于匠师们灵活巧妙地运用对比手法，大量模拟天然，在小尺度中造成了多种境界，使之看上去并无呆板之感。同时注重山与水的结合，利用地势低而多水的优势，发挥"就低凿水"宜于以水构景成景之所长，聚水而成景、因水而成趣。大小湖泊星罗棋布，弯弯曲曲的河流像蛛网一样，依山就势，分布全园，形成有机完整而又丰富多彩的山水体系，既体现了人为的写意，又保持了自然的风韵。

颐和园是真山真水，是山地园林和平地造园的完美结合。乾隆为筹备皇太后六十大寿，以治理京西水系为借口下令拓挖西湖，并以汉武帝挖昆明池操练水军的典故将西湖更名为昆明湖，将挖湖土方堆筑于湖北的瓮山，并将瓮山改名为万寿山。所谓"瓮山而易之曰万寿山者，则以今年恭逢皇太后六旬大庆，建延寿寺于山之阳故尔"即指此。清漪园景观主要由昆明湖和万寿山两大板块组成，功能上大体可分为政务区、居住区和游览区。它以万寿山、昆明湖构成基本框架，借景周围的山水环境，既饱含着恢宏富丽的气势，又充满自然之趣和人文内涵，景观之美令人叹为观止。乾隆"何处燕山最畅情，无边风月数昆明"诗句，更是对清漪园的无上赞美。后期的颐和园基本上恢复了清漪园的园林气象，因客观条件所限，其景观质量有所下降，一些景观未能修复，一些高层建筑也由于经费和物料的关系而被迫缩小尺度，但这仍是瑕不掩瑜的，不能消弭其光辉的园林艺术成就。

在清代以前，颐和园区域就有一些景观和寺庙建设，如耶律楚材祠、功德寺、好山园等，但在清漪园建设时，这些昔日古迹多已湮没或衰落，圆明园区域则为空地及零散聚落。圆明园和颐和园都规模庞大，气势磅礴，巧妙地利用了周边的山水地貌，在借园外景入园方面别具匠心。两园园内外京西稻稻田弥望，一派田园风光的生态画卷，与园林相得益彰。二者都是水景园的典范，圆明园水面占全园面积的2/5，颐和园水面占全园面积的3/4，圆明园最大的湖面——福海面积约为昆明湖面积的一半，昆明湖水通过二龙闸往东流则是圆明园重要的水源补给渠道。颐和园的山水、建筑相对更为壮观和开阔，往往给人豁然开朗之感，这是因为最开始清漪园的建设就是从游赏角度考虑的较多，由于环境的差别，圆明园景观和建筑则比较精致和内敛，更为注重居住的适宜和满足各种功能需求。单纯从园名命名主旨上看，颐和园体现更多的是祝寿文化，"清漪"、"颐和"同时也有景观与生态和谐的韵味，而圆明园更偏重于对皇位继承者的道德和智慧期许，政治性意涵更强。二者既具有文物陈设方面的古代物质文明，也有匾额楹联诗词书画等方面的非物质文化遗产，其景观建设都大量吸收借鉴了中国古代诗词书画方面的素材，是中国传统文化的重要载体，如圆明园武陵春色、杏花春馆、夹

镜鸣琴，颐和园幽风桥、景明楼、澹宁堂等。二者都具有"移天缩地在君怀"的景观内涵，广泛模拟各地山水名胜，尤其是仿建江南风光和园林，如颐和园景明楼仿岳阳楼、望蟾阁仿黄鹤楼、后溪湖买卖街仿苏州水街、西堤以及堤上的六座桥是有意识地摹仿杭州西湖的苏堤和"苏堤六桥"等，苏州的狮子林、南京的瞻园、杭州的小有天园、海宁的安澜园在圆明园也都有仿建，晚清词人王闿运形容为"行所流连赏四园，画师写仿开双镜"。此外，圆明园与颐和园直接相似或关联的景观也为数不少，如颐和园耕织图与圆明园多稼轩都是耕织文化的反映；颐和园谐趣园与圆明园廓然大公都模仿无锡寄畅园；颐和园德和园戏楼与圆明园同乐园戏楼也有异曲同工之妙；颐和园昆明湖一池三山与圆明园福海一池三山，象征着中国古老传说中的东海三神山——蓬莱、方丈、瀛洲；颐和园福山寿海的大格局，与圆明园寿比南山（位于九州清晏前湖之南）福如东海（福海）的隐喻也是不谋而合的。

4 共同的园林主人

4.1 清漪园主人——乾隆

乾隆皇帝弘历从小就生活在圆明园，并在园内第一次拜谒了皇祖康熙，他多次声称自己与圆明园同庚，并将园中的老松、玉兰都当作同年好友，写下了很多怀念的诗文。皇子时期的弘历居住在桃花坞。结婚后，乾隆和福晋富察氏被雍正赐居于长春仙馆。乾隆的一生与圆明园有不可分割的紧密联系，他在园里的活动，留下的影响最为广泛，也最为深远。他给这个旷世园林奇迹，打上了自身不可磨灭的印记。在圆明园成为万园之园的过程中，他本人发挥了关键的作用。比如，圆明园四十景，是乾隆定型完成的；圆明五园的宏大格局，是乾隆拓展归并的；西洋楼景区的建设，也主要是因为他的好奇心理；圆明园里的珍贵收藏，同样大多是在乾隆时代形成的。可以说，乾隆有着真挚的圆明园情结。因此他在《圆明园后记》中写道："予小子敬奉先帝宫室苑囿，常恐贻羞，敢有所增益。是以践阼后，所司以建园请，却之。既释服，爰仍皇考之旧园而居焉。夫帝王临朝视政之暇，必有游观旷览之地。然得其宜，适以养性而陶情；失其宜，适以玩物而丧志。宫室服御奇技玩好之念切，则亲贤纳谏勤政爱民之念疏矣……然（圆明园）规模之宏敞，丘壑之幽深，风土草木之清佳，高楼邃室之具备，亦可称观止。实天宝地灵之区，帝王豫游之地，无以逾此。后世子孙必不舍此而重费民力以创建苑囿，斯则深契朕法皇考勤俭之心以为心矣。"

既然如此信誓旦旦，那乾隆为何仍自食其言，执意要修建清漪园呢？在《万寿山清漪园记》中，乾隆写道：

"万寿山清漪园成于辛巳，而今始作记者，以建置题额间或缓待而亦有所难于措辞也。夫建园矣，何所难而措辞？以与我初言有所背，则不能不愧于心。……予虽不言，能免天下之不言乎？……虽然，圆明园后记有云，不肯舍此重费民力建园囿矣，今之清漪园非重建乎？非食言乎？以临湖而易山，以近山而创园囿，虽云治水，谁其信之？然而畅春以奉东湖，圆明以恒莅政，清漪静明，一水可通，以为敕几清暇散志澄怀之所……。园虽成，过辰而往，逮午而返，未尝度宵，犹初志也，或亦有以谅予矣。"从这些辩解中，大体可以看出乾隆之所以要兴建清漪园，可能有如下几方面的考虑和需求：第一，整治西郊水利，保障京城水源；第二，为皇太后隆重祝寿，倡导忠孝理念；第三，完善西郊皇家园林体系，通过建设清漪园将已有皇家园林贯穿起来，便于功能完善和管理维护；第四，借助万寿山、昆明湖及周边的绝佳地貌，按照自己的意志、才情和品位，建造全新的园林，这既是因地制宜，也可实现自己的园林意趣。

乾隆是一位汉文化素养很高，又喜爱游山玩水的皇帝，还是个园林迷。虽是满族人，但具有相当高的传统文化修养和艺术鉴赏力。他能写诗、填词、作文、绘画，书法也有一定水平。这些对园林艺术创作来说，是非常必要的。作为盛世君王，乾隆自谓"园林之乐、不能忘怀"，凡重要的园林建设，他都亲自过问，对某些规划设计，甚至直接参与其事。乾隆对造园艺术颇有造诣，甚至有不少很有价值的见解。如他认为园林中的最高境界是"物有天然之趣，人忘城市之怀"。在谈到"借鉴"时，乾隆很精辟地概括说："略仿其意，就天然之势，不舍己之所长"。这种"仿"就是不求形似，要表现出对象的本质特征和内在精神，言下之意，"借鉴"是一种艺术的再创造，但前提是必须在造园的客观条件基础上进行。

需要指出的是，圆明园是一个集体作品，雍正、乾隆、嘉庆、道光、咸丰都在圆明园的景观与居住生态上留下了不少影响，尤其雍正作为圆明园的第一位主人更是其格局的奠基者，乾隆是在继承雍正时期园林的基础上将其发扬光大的，圆明园在发展过程中有传承有变化；而清漪园是乾隆时期一气呵成的作品，基本是乾隆一手独创的，更多的是体现了乾隆皇帝的个人气魄和品位，乾隆的烙印最为明显，后期的颐和园也基本未跳出乾隆时期的格局和特色，尽管慈禧太后已将颐和园作为主要居住场所，但其改造和建设也不得不受制于财政困顿等客观原因。

乾隆在《知过论》一文中说："予引以为过者，盖心有所系必有所疏忽，得毋萦系于小而或有疏忽于大者乎？夫小者，游目赏心是也；大者，敬天勤民是也。予虽不敏，实不敢因其小者废其大。是以向偶游万寿山之处，率过而弗留。"在《首夏万寿山清漪园作诗》诗序中说："从

前圣母居畅春园时，越二三日必躬诣问安，便道至万寿山游览，率有吟咏。自丁酉年以后，无复曩时情景，至此遂稀。兹以岁暇偶临，不可无句以酬佳境，然追忆曩时，益不胜感戚也。"可见，乾隆大多是在给太后请安后，顺路往清漪园游赏的。在《御制夕佳楼题句》诗序中，乾隆说"每游此，不过辰至巳返，未曾用晚膳、待夕佳"。一般情况下，乾隆都是命内务府备饭，由苏拉运送到清漪园，就地传膳。所以，那时的清漪园不具备皇帝日常居住方面的饮食服务功能。乾隆喜欢流连其间，他咏清漪园的御制诗就有1500余首之多，遍及园内诸景。乾隆五十五年（1790 年）八月初九日，乾隆游览万寿山，并乘朱漆龙舟游昆明湖，阿桂、和珅、福康安、福长安等王公大臣及安南国王、外国使臣陪同。乾隆关心民瘼，遇大旱气候，经常亲自或命王公大臣前来清漪园广润祠祈雨或谢雨，乾隆六十年（1795 年）时，他还命广润祠增号"广润灵雨祠"。在游赏的同时，乾隆爷经常至万寿山的大报恩延寿寺拈香祈福。乾隆对清漪园的工程质量和维护管理都高度重视。乾隆三十九年（1774 年）施工时，清漪园望蟾阁后面的泊岸未按奏准墁铺石板，只用石灰夯筑，以致四十年（1775 年）春发生膨裂，重铺石板。乾隆降旨命原监督官员赔修，并对监督姚良等官员罚俸，将主管工程大臣和尔经额鞭笞四十、罚俸六个月。乾隆四十二年（1777 年）八月下旬至四十三年三月下旬，果郡王永瑢六次私游清漪园内藻鉴堂，其事被奏报上来，乾隆谕令：永瑢不必在内廷行走，罚王俸十年。首领太监任进福发往打牲乌拉给披甲人为奴，苑丞永舒、苑副惠格革职，副都统和尔经额等各降级罚俸有差（《三山五园史事编年》上卷551、569 页）。

4.2 颐和园主人——慈禧

慈禧在圆明园度过了志得意满且又浪漫的青年时代，她对圆明园充满感情，尤其热衷于重修圆明园。九州清晏的天地一家春是慈禧在圆明园的居所，在同治时期重修圆明园的过程中，她就特别关注给她的殿宇要同样命名为天地一家春，并亲自操刀修改设计及装修图样。

慈禧曾以懿嫔的身份在"天地一家春"居住，并在这里受到咸丰的宠爱，发迹后，她对"天地一家春"念念不忘。同治朝重修圆明园时，慈禧就将绮春园部分宫殿改名"天地一家春"作为自己的寝宫，而且在她垂帘听政后铸造的陈设器物上几乎都铸有"天地一家春"字样。如颐和园仁寿殿前陈设的铜龙、铜凤的铜座上，乐寿堂、排云殿等院落内消防储水用的金缸上，也刻有"天地一家春"的印记，以示对发迹之地的怀念。"大雅斋"系列瓷器是清末官窑瓷器，底款上有"大雅斋"字样，其右边一般还盖有"天地一家春"印。大雅斋是斋名，在紫禁城和圆明园

天地一家春均有一处大雅斋。有一种说法是大雅斋瓷器最初是为重建圆明园而专门定烧的，后因复建工程中止而停烧，已烧成的改由大内使用。慈禧对圆明园生活充满美好回忆，圆明园罹劫后，她还经常故地重游。如光绪二十一年（1895年）八月二十七日、九月初八日、九月十九日，皇太后、皇后由颐和园前往圆明园游览。光绪二十二年（1896年）二月至九月，慈禧曾多次游览圆明园紫碧山房、廓然大公、濂溪乐处，长春园海岳开襟、含经堂，西洋楼黄花阵、绮春园新宫门、蔚藻堂等处。同治朝两次试图重修圆明园，慈禧都是主要支持者或幕后推手。光绪二十二年至二十四年（1896～1898年），慈禧太后试图"择要量加粘补修理"圆明园殿宇，慎修思永殿是修葺重点。光绪二十四年七月二十六日，慈禧临幸圆明园，样式房呈览慎修思永殿内檐装修图，并奉懿旨"明间不要碧纱橱，拟妥鸡腿罩、飞罩、天然罩，不要八方罩、瓶式罩。"甚至在发动"戊戌政变"幽禁光绪的关键时期，慈禧仍于九月十八日安排总管太监李莲英催修慎修思永的装修图。

与颐和园这一宛如仙境的园林相比，慈禧明显不喜欢紫禁城生活，她说："这里除了庞大的建筑物以外什么也没有，空得只有房子里的回声。虽然有个御花园，但是没有花，也没有温和的微风。这地方冷冰冰的，没有热情。"清漪园在乾隆时期以祝寿为名正式确立，后期的颐和园也以奉养太后而重新兴建，尽管同是祝寿，乾隆是为母祝寿，慈禧则是被祝寿。由于晚清数十年间，慈禧牢牢地掌握着最高统治权，她也是名副其实的颐和园第一主人，颐和园一切的环境布置和生活状态都围绕着她而展开。

光绪十五年（1889年）三月二十三日，光绪奉慈禧太后首次驾临颐和园。次年闰二月，慈禧下令命醇亲王奕譞会同御前大臣、内务府大臣等妥议颐和园一切章程。光绪十七年（1891年）四月二十日，光绪谕："现在（颐和园）工程将次就竣，钦奉慈谕于本月二十八日幸颐和园，……从此慈驾往来游豫。"这意味着慈禧算是正式驻跸颐和园了。每次慈禧临幸颐和园时，光绪一般都要亲自跪送，这天进颐和园当差的执事人员均要穿蟒袍补褂，以示迎接，每逢慈禧由颐和园回宫时，执事人员也要穿蟒袍补褂一天，是为欢送。住园时，慈禧安居于乐寿堂，光绪隔三岔五会来此请安。光绪二十年（1894年）十月初十是慈禧六旬万寿，清廷上下极为重视，头年二月十七日，光绪就谕令：（六旬万寿时，皇太后）自颐和园回宫，应备彩殿，颐和园东宫门一座……。十二月二十六日，慈禧亲下懿旨，部署次年六旬万寿时的具体事宜：十月初三日申刻，皇帝率领王公百官诣仁寿殿筵宴，皇帝晋爵。初四日巳刻，皇后率领妃嫔等位公主福晋命妇等诣仁寿殿筵宴，皇后晋爵。……初十日巳刻，御排云殿受贺。十二日卯刻，皇帝率领近支王公等诣仁寿殿筵宴、进舞。十三日申刻，

皇后率领妃嫔等位公主福晋命妇等家宴。不过，因为甲午战争，慈禧的六旬万寿庆典还是受到了影响，言官余联沅甚至奏请皇太后六旬万寿时不要临幸颐和园，这与其夫咸丰皇帝在位时，鉴于内忧外患的局面，部分臣僚恳请暂免临幸圆明园的情况极为相似。需要指出的是，在战争的危急关头，慈禧确实是在一意孤行的挪用海军军费用于颐和园工程和自己的生日，如光绪二十一年（1895年），在北洋舰队全军覆没的情况下，清廷仍令"因皇太后六旬盛典，估修颐和园各工欠放银两，由海军衙门存款内放给清款"，所谓的海军军费在战争期间仍被截留、被挪用，真让人唏嘘不已。在颐和园时，慈禧还经常到周边静宜园、圆明园等地游赏，军机处在致出使英国大臣薛福成的电文中曾明确提道："皇太后驻跸颐和园，西山一带官庙，须备游幸，不得租赁"。慈禧在颐和园逐渐接触了一些西洋人和西洋事物，光绪二十四年（1898年）闰三月二十五日，慈禧于乐寿堂接见了德国亨利亲王，颐和园还陆续安置了电灯、电话等近代设施设备。特别注意自身形象的慈禧还接受了摄影术，经常在园内组织人物拍摄活动，她自己更是成为当之无愧的主人公，慈禧也喜欢画像，美国人卡尔等曾在颐和园为她恭画御容。

光绪二十六年（1900年）七月二十一日，八国联军侵占北京，慈禧携光绪出德胜门，经颐和园逃离北京。在颠沛流离过程中，慈禧仍惦记颐和园、圆明园。光绪二十七年（1901年）七月十五日，慈禧谕令在京谈判人员："颐和园、圆明园一带何日交收，即行电奏。交收后，著奕劻加派得力官兵，小心守护，严防土匪窃盗。"三日后，奕劻电奏："颐和园、圆明园业经言明，公约画押后交还，现正派兵守护。"光绪二十八年（1902年）八月十二日，光绪奉慈禧幸颐和园，这是回銮后首次驻跸。此后，慈禧在颐和园多次接待了外国使节。光绪二十九年（1903年）四月十五日、十六日，慈禧在仁寿殿接见各国使臣，各国使臣夫人及参赞、随员等，并赐游宴。光绪三十年（1904年），德国皇子来京游历，清廷专门安排其瞻仰颐和园，其后陆续由理藩院、内务府等安排了其他外国使节和廓尔喀贡使等前往观瞻。为了往来方便，同时也展示对于新生事物的开明姿态，慈禧甚至一度动议修建西直门至颐和园的铁路，后因故未果。光绪三十四年（1908年）九月二十日，慈禧在仁寿殿，接见了十三世达赖喇嘛土登嘉措，这是她在颐和园的最后政务活动，十月二十二日，七十四岁的慈禧在西苑仪鸾殿去世。

5　现状及展望

1949年以来，党和政府高度重视圆明园遗址的保护、管理和利用，周恩来总理曾三次力保圆明园遗址，

北京市、海淀区及社会各界为此做了大量工作。经过几十年坚持不懈的努力，圆明园的爱国主义教育、文物遗址保护、园林建设和文化传播均取得了显著的成果。1988年，圆明园遗址公园正式开放。现在的圆明园是全国重点文物保护单位、首批十二家国家考古遗址公园之一，是国家重要的爱国主义教育基地，是新北京十六景之一，也是市民群众参观游览休憩的重要场所。圆明园遗址旧貌变新颜，"圆明新生"也成为共和国发展进步的一个缩影。

早在平津战役和平解放北平前后，党中央和毛主席就特别留意保护颐和园等文物古迹。1949年4月，颐和园管理处成立。1961年3月，颐和园被公布为第一批全国重点文物保护单位。颐和园于1987年被批准为世界文化遗产。世界遗产委员会评价颐和园"亭台、长廊、殿堂、庙宇等人工景观与自然山峦和开阔的湖面相互和谐、艺术地融为一体，堪称中国风景园林设计中的杰作。"1998年12月2日，颐和园以其丰厚的历史文化积淀，优美的自然环境景观，卓越的保护管理工作被联合国教科文组织正式列入《世界遗产名录》，被誉为"世界几大文明之一的有力象征"。2007年5月，颐和园被国家旅游局批准为国家5A级旅游景区。

颐和园对公众开放已经一百多年了，而圆明园作为我国第一家以遗址命名的公园也已对外开放28年。除了都具有深厚的文化底蕴，具有重要的园林艺术价值外，即使现在来看，圆明园和颐和园仍然具有很强的互补性，无论是从文化上、旅游上，还是从物理空间上看，无不如此。颐和园的最重要特色应该是世界文化遗产，圆明园的最重要特色可以说是爱国主义教育基地。颐和园是首都北京最重要的旅游目的地之一，无数中外游客慕名参观游览，而圆明园则是三山五园旅游的桥头堡，可以直接对接北大清华周边的高校游和中关村科技游。颐和园现存的古建多、文物多、古树名木多，景观内涵丰富完备，成为中国古典园林，尤其是皇家园林的活化石，昔日圆明园的一些流散文物现存于颐和园，也以独特的方式在传递着历史文化信息。颐和园的管理维护更为专业化和精细化，在进行古典园林研究、弘扬优秀传统文化、展示清代宫廷生活等方面可发挥较大作用。圆明园遗址类型丰富、虚拟文化资源深厚、现有物理空间充裕（可一定程度上清整、开发与利用），在进行爱国主义教育、发展文创休闲产业、建设城市公共文化空间方面具有特定优势。此外，圆明园因其特殊的境遇和在近代民族屈辱史上的象征意义，使全世界华人对其产生了浓郁的圆明园情结，圆明园也因此蕴含了一定的政治情感价值，这也是一种宝贵的精神财富。

2012年，北京市十一次党代会明确提出了要建设"三山五园历史文化景区"。近期，北京市在文化发展方面又提出了建设长城文化带、运河文化带和西山文化带的发展战略。海淀西山是西山文化带的重要组成部分，也是其精华所在，而三山五园历史文化景区则整体位于海淀区。三山五园历史文化景区与西山文化带如能良性互动、两轮驱动，势必会形成海淀，乃至北京文化发展繁荣的重要推动力。以颐和园、圆明园为代表的皇家园林与苏州园林为代表的私家园林并驾齐驱，是中国古典园林文化两座并峙的高峰；二者都是海淀的名片，是海淀历史文化魅力和优美自然风光的代表，是古都北京重要的名胜古迹；二者都具有极高的世界知名度和文化影响力，是展示和传播中华文化的重要窗口；圆明园、颐和园作为三山五园的主体区域是连接西山与北京城区的重要生态廊道；二者也毗邻众多高等科研院所和中关村国家科技创新中心核心区，是人文北京、绿色北京和科技北京的代表性区域板块。在首都文化大发展大繁荣的进程中，在中华民族文化复兴之路上，圆明园和颐和园都蕴含着巨大的发展潜力，具有广阔的发展空间。

以颐和园、圆明园为代表的三山五园位于首都北京，其文化影响力、辐射力和带动力比较显著，具有一定的示范引领作用。在新的历史时期，对其规划和管理应贯彻落实习近平总书记的系列讲话精神，开阔视野、提升高度、扩大格局，有必要从国家文化战略思维出发，从北京国家文化中心和世界城市建设角度着力。北京市致力于建设的"三山五园历史文化景区"和"西山文化带"从宏观政策上为颐和园、圆明园的进一步发展提供了重要的机遇。三山五园地区可以建设成为弘扬中国古典园林文化的阵地，有效传递中国经典的人居理念，为现今的环境景观和生态文明建设提供借鉴；三山五园地区可以借助历史文化底蕴和这些园林的沧桑命运，对人民群众进行政治情感教育和文化魅力教育，将其建设为开展爱国主义教育的基地；三山五园地区可以对历史文脉进行系统梳理，并兼顾与周边文化资源的有效整合与协同发展，两园之间可考虑规划建设为国家级文化广场，使其成为北京西北部的大型公共文化空间；三山五园地区文化资源丰富、科技资源聚集、智力资源充裕，在文化创业产业发展方面，具有独特优势，完全可以故宫博物院和国家博物馆为主要学习对象，建设中国文创产业的高地。我们有理由相信，圆明园和颐和园在三山五园的融合发展之路上会取得无愧于历史和时代的新成就。

北海公园的园林历史与文化分析

张冕

北海御苑，源溯辽金，兴于元而成就于明清两代，是中国古典园林中建园最早、历史沿革清晰、传承有序、保存完整的皇城御苑。其"一池三山"建园布局，艮岳太湖石的叠石堆山技艺，为后世古典园林树立了造园的典范。

1 北海园林的历史发展

北海园林继承了中国延续了两千多年的皇家园林营建模式，800多年间作为中国政治生活的核心场所之一，也为包含祭祀、议政、庆典、游幸的中国封建帝王宫苑生活提供了独特的历史见证。是我国古典园林的精华和珍贵的全人类文化遗产。

卓然独步的造园艺术及令人仰止的珍贵文化珍存是北海园林厚重的历史人文价值、艺术价值所在。

《辽史·地理志》云："燕山中有瑶屿"；明人沈德符《万历野获篇》曰："大内北苑中有广寒殿者，旧闻为耶律后梳妆楼"；清人高士奇《金鳌退食笔记》也记述道："琼华岛，在太液池中。……其巅古殿，相传本萧太后梳妆台。"这里所说的耶律后、萧太后都是指辽景宗耶律贤的

皇后萧绰。很多历史学家认为，这个"瑶屿"、"梳妆楼"等指的就是辽代皇室在三海地区营造的一处离宫，也即金代万宁宫和元代太液池与万岁山的基础。

12世纪初叶，女真人迅速崛起于白山黑水之间，并于1115年建立起大金国，1122年，女真人攻入南京城，辽国灭亡。1127年攻入汴梁城，消灭了北宋王朝。天德五年（1153年），金主完颜亮将国都从上京会宁府迁来燕京，改称中都，并在燕京城大兴土木。至金大定六年（1166年），金世宗完颜雍始于北海区域营建万宁宫，并按照神话中"东海三仙山"的传说，以"一池三山"的建园布局营建三海园林。

当时，金人在湖区内开挑海子，进一步扩大了湖泊面积，并以浚湖之土，筑为琼华岛。岛上叠砌奇石，遍植花木。岛上的叠石，据《金鳌退食笔记》所言，"本宋艮岳之石"。

堆山叠石是中国古典园林独有的造园艺术手法，始于秦代的蓬莱三岛，历史悠久。叠石山，登高可俯视园林全景和眺望园外景观，扩大园林空间感。同时，又有阻挡视线，分隔空间的重要作用。太湖石的叠石技法更是其中的代表。宋徽宗赵佶在营建艮岳御苑时，以大量的太湖石堆叠构景，开创了古典园林造园的新手法。金世宗完颜雍在营建北海园林时，自东京汴梁将大量珍贵的太湖石运送至琼华岛上，堆叠成山。当时，金代规定从事繁重的运石劳役可顶替赋税，所以这些太湖石又叫"折粮石"。

北海的叠石集艮岳之精华而成，有专家提出当年艮岳石辇至北京，应用的不仅是山石，其叠山技艺也必然在北海叠山中体现，再现和延续了艮岳园林。

金章宗更是喜爱这里，在此处理金国政务。经常与诸大臣在此摆宴，观赏中秋月色，饮酒作乐，接见朝臣。明昌二年（1191年）寿安宫，更名万宁宫，当时的万宁宫是皇室活动的重要场所。北海"太液秋风"和"琼岛春阴"在金明昌年间就被列为燕京八景之一。

图1 艮岳遗石

其景致之美令得自撒马尔罕辞别成吉思汗大帝回转中原的丘处机道长流连忘返，元太祖也因之将琼华岛赐给丘处机作为道场使用。

在寒食节所作春游诗中，丘处机写道："十顷方池间御园，森森松柏罩清烟。亭台万事都归梦，花柳三春却属仙。岛外更无清绝地，人间唯有广寒天。深知造物安排定，乞与官民种福田。"

五月底，丘处机登寿乐山颠（即琼华岛最高峰），所赋五言律诗中有"……虽多坏宫阙，尚有好园林……"等句。

至元二年（1265 年），元世祖忽必烈一统中原，特将稀世珍宝"渎山大玉海"运抵琼华岛之巅广寒殿内，作为大宴群臣时的酒器。渎山大玉海由大都皇家玉作完成。其制作意图是为了反映元代国势的强盛。渎山大玉海是中国历史上出现最早、重量最大的巨型玉雕，开创了大件玉雕作品的先河，是中国划时代的艺术珍品，也为世界宝玉石业发展史上罕见杰作。其雕琢装饰继承和发展了宋金以来的起凸手法，随形施艺；俏色处，颇具匠心。它代表了元

图 2　渎山大玉海

代玉作工艺的最高水平，也预示了明清时代又一个玉作高峰的到来。《国家人文历史》刊物将渎山大玉海评为镇国玉器之首。

至元四年（1267 年），忽必烈以太宁宫琼华岛为中心，建设一座新的都城——元大都。琼华岛及其所在的湖泊被划入大都皇城之中，成为皇城御苑。已故中国科学院院士、著名历史地理学家侯仁之先生曾经说"没有北海，也就没有现在的北京城"。

老舍先生的儿子，著名作家、文学评论家舒乙先生也曾经提到"北海就是北京，它是北京的化身；北京就是北海，北海是北京的根"。

可以说，北海皇城御苑的建设，奠定了建都北京城的地位，是真正北京的中心。

元代的北海园林美轮美奂而又富丽堂皇，其美景早为世人所知且广为传颂。13 世纪意大利旅行家鄂多立克与威尼斯旅行家马可·波罗分别在各自的游记《鄂多立克东游录》和《马可·波罗游记》中用极大的篇幅描绘西苑美景，使北海的优美景致传扬世界，令许多欧洲人开始倾慕东方帝国的富庶和文明，间接推动了哥伦布等冒险家们努力开辟海上新航线。

明代中叶开始，北海园林迎来了又一次大规模的修建，其时，作为明皇室刊印、保存《大藏经》场所的大慈真如宝殿更为世界古建史增添了浓厚的一笔。整座大殿由 20 余根高达 10 米、直径 0.5 米的楠木巨柱支撑，梁、枋、檩、椽、斗拱、望板、门窗、天花板等主要构件也全部采用体量硕大的金丝楠木。其中门窗做工尤为华丽，其他构件采用素面，不施雕琢，体现了简约自然的明代风格，黑琉璃瓦重檐庑殿顶的建筑规制更为少见。大慈真如宝殿不仅涵盖了中国传统楠木制作、琉璃烧造、砖石雕刻、青铜铸造等工艺精华，体现了中华物质文化遗产的无穷魅力，而且蕴涵着博大精深、高贵典雅、成熟自信的独特韵味，诠释了中华文明的精神价值，是中国古典建筑的不朽杰作。

明代嘉靖十二年（1533 年）四月，嘉靖帝因团城上一棵金代所种植的古油松为其遮蔽酷暑，龙心大悦，下旨"每年给俸米若干旦"以作保护，一时引为美谈。吴中四杰的文徵明就曾在其所作的《西苑诗十首》中盛赞此事。

乾隆年间，乾隆帝也正因为这一典故，正式的册封了这棵古油松为"遮阴候"，使之成为北京城唯一有爵位的古树名木。

清代是北海园林最终成型的年代，清顺治元年（1644 年）五月二日，清朝军队进占北京，十月十一日，顺治帝颁诏天下，定都北京。顺治八年（1651 年），清顺治帝根据西藏喇嘛恼木汗的建议，在琼岛山顶广寒殿旧址，修建

图 3　大慈真如宝殿

了北京同时也是北海园林的象征 - 白塔，琼岛白塔的建造不仅使它成为政治上民族团结的象征性建筑物，还对清代皇家园林的营建有着深远的影响。白塔作为当时北京城内制高点，是城市空间的焦点。同时，白塔的修建也开创了以宗教建筑统领园林景观的清代御苑规划模式。

历史上每个朝代大规模地修建园林，都是这个朝代最鼎盛时期，因为修建园林需要大量财力支持，所以必须采取一系列政策适合生产力的发展。乾隆时期，由于康雍两朝经济上的发展，物质财富的积累，社会稳定，史称"乾隆盛世"，为兴建皇家园林，奠定了雄厚的经济基础。

乾隆一朝大量建造皇家园林，对北海的修建更是达到了鼎盛时期。乾隆一朝共进行了长达 38 年的营建，规模巨大、工期漫长、耗资无数，先后在白塔山、太液池东、北沿岸及团城新建各式殿宇、门座及坛庙建筑共 126 座（含九龙壁），亭子 35 座，桥 25 座，碑碣 16 座，重修或改建旧有各类建筑 12 座，使北海皇家园林的发展达到鼎盛时期，奠定了此后北海的规模和格局。

在这期间，北海园林诸多著名的景致兴建而成。诸如：珍藏有中国书法石刻的经典之作，即阅古楼书法石刻及快雪堂书法石刻。两处书法石刻圣地分别收藏了清内府制"三希堂石渠宝笈法帖"石刻及明代石刻巨匠刘光旸大师所亲手摹刻的"晋代至元代 20 位书法家的墨迹 80 余篇"。

北海公园内所珍藏的这两处书法石刻，均为中国书法史上的艺术精粹，是中国历代书法的重要汇编，书法刻法精巧绝伦，为研究中国书法的演变、发展提供了重要的实物依据。

北海拥有北京九坛八庙中唯一一座由女性祭神的先蚕坛，该坛是清代皇后妃嫔及公主祭祀蚕神的场所，也是乾隆皇帝以农桑作为立国之本思想的重要组成部分。

图 4　北海白塔

皇家冰窖是中国古代皇家建筑的重要组成部分，在数千年的历史传承中，曾经为改善生活质量起过无可替代的作用。至今天，古代的冰窖已经十分少见，北海雪池冰窖作为北京现存仅有的3座冰窖之一，对于研究古代皇室起居生活具有重要意义。

中国三大九龙壁中，唯一一座双面都有龙的北海九龙壁，两面各有蟠龙九条，整座九龙壁上下共有大大小小的龙635条，暗含九五之尊之意，精美的琉璃、巧妙的构思，使得北海九龙壁成为我国古代琉璃建筑艺术的精华。

"谁道江南风景佳，移天缩地在君怀。"乾隆皇帝下江南后，对于南方秀美的私家园林非常欣赏，先后在北海园林内修建了静心斋、画舫斋、濠濮间等精美的园中之园。尤其是静心斋，其作为少数较为完整保存下来的清代园中之园，基本保存着清代兴建时的历史风貌，以严整的几何对称格局和富有变化的散点布置相结合手法进行平面布局，既保持了北方御苑的庄重氛围，而又富有秀丽的江南园林情调，其独具特色的叠石技艺更成为中国六大园林假

山之一，代表着当时皇家造园艺术的最高成就，是中国古典园林的典范。

光绪年间，洋务大臣李鸿章为使慈禧太后更加清晰地了解到西方科技、西方文明，特地从法国新盛公司定制了一台火车，并为此铺建了中国第四条、皇家第一条铁路，这条铁路全程1500米，自中南海紫光阁至北海静心斋。慈禧太后在充分体验过火车的力量后，仅5个月，朝廷便发布了第一条兴办铁路的诏令。此后，"津通"铁路，"卢汉"铁路"津浦"铁路和"京奉"铁路也相继开工。这些铁路的建成，共同推动着我国的铁路事业迅猛发展。也成为中国近代历史发展的直接推动力。

1925年8月1日，北海正式对外开放，公园门票每张为一角（辅币）。

当时报纸刊载："北海公园于8月1日开始售票，一般人均欲前往，一开眼界，是日虽微雨，而各界游人尚称踊跃"。这是北海御苑建园以来首次对民众正式开放，由皇家禁苑演变为社会各阶层都能参观游览的公园。同年10月30日，依照《修正北海开放章程》召开北海开放捐

图5　北海九龙壁

资绅商会议，成立了董事会。董事会董事由捐资北海开放的绅商、市民组成，会议推选了会长、副会长及常任董事。一个由董事会管理公园的机构从此开始，一直延续到 1949 年中华人民共和国成立前夕。

当时，梁启超先生在此开办"松坡图书馆"，为日后北平图书馆奠定了基础。

1924 年 4 月 25 日下午，应讲学社邀请，印度诗人泰戈尔先生畅游北海，适时，梁启超、胡适、张逢春、梁漱溟、林长民、林志钧、蒋方震、杨荫榆等社会名流汇集一堂欢迎泰戈尔的到来，一时成为文坛盛事美谈。

可以说，北海园林的发展历史同时也是见证中国自辽以来王朝更替、社会变迁的历史。

然而，这座美丽而古老的园林，在北平解放前夕，却一度处于建筑失修、园林荒芜、湖池淤塞、垃圾成堆的状况。

1949 年北平和平解放，人民政府立即着手保护和接管全市文物古迹工作。市长叶剑英、副市长徐冰亲笔签署命令：派遣干部，接管北海，成立北海公园管理处。

北京市人民政府一方面发动军民疏浚湖泥、修理湖岸、治理园容，另一方面拨出专款对公园进行恢复建设。

同时大力开展文化娱乐活动，如举办游园会等活动。其后，更是逐年对公园景区、景观加大建设力度。通过不懈努力，北海公园的景观再现历史风貌。

1957 年 10 月 28 日，北京市人民委员会将北海及团城公布为北京市第一批古建文物保护单位。

1961 年 3 月 4 日，国务院又将北海及团城公布为第一批全国重点文物保护单位。

1992 年被北京市政府评定为北京旅游世界之最——"世界上建园最早的皇城御苑"。

目前，北海已列入北京中轴线（含北海）项目并已进入世界文化遗产预备名录。

正是通过几代北海人共同不懈的努力，使得这座中华人民共和国成立初期原已残破不堪的古园重现辉煌。

2 北海园林艺术特色

北海皇家园林是中国现存建园最早，延续使用时间最长的皇家园林，代表了古典皇家园林的精彩和辉煌，归纳总结起来有以下四大独有特色：

一是它作为中国古代都城城园同构思想的仅存硕果，

图 6 北海景观

北京元明清城市架构的核心和皇城生态、水利的核心，成为中国古代将自然环境与人文环境、城市功能与自然审美高度结合，将皇家园林营建融入都城总体规划，建造理想帝都的生态规划理念和创造精神的杰作。

二是它自产生以来的 850 年漫长历史时期是中华民族和中华文化融合发展的最为关键的历史时期，经历了中国大一统王朝多次朝代更替，见证了多民族自然观、审美观的交流融合，渗透着不同宗教和思想流派的影响，成为各种文化、价值观交流统一在中国古典园林艺术上的结晶。

三是它作为中国现存唯一的皇城御园，为已消失的延续了两千多年的中国皇家园林营建传统提供了特殊见证，是中国封建帝国自 12 至 20 世纪初皇家园林设计发展变化的载体；800 年间作为中国政治生活的核心场所之一，也为包含祭祀、议政、庆典、游幸的中国封建帝王宫苑生活提供了独特的见证。

四是它上承宋代遗风，历经金元明清，承载了中国两大造园艺术高峰期——宋末和清乾隆年间的园林风格，见证了中国最后几个朝代统一延续中又有变化的皇家园林营建传统，在发展中积淀了深厚的中国历史文化和美学内涵，集大成地继承和体现了中国古典皇家园林传统设计手法和艺术特色，汇集了园林建筑和造景精品，成为世界罕见的皇家园林的杰出范例。

3 结语

北海皇家园林历经五朝的皇家御苑保留至今，其特有的历史价值、园林价值、文物价值、科学价值，赋予这座古老皇家园林极其丰富的文化内涵。与北海历史同期的皇家宫苑，大都毁于朝代更替，只有北海历经沧桑至今仍风姿犹存，成为中华民族乃至世界人类历史文化宝库中独具魅力、不可替代的珍贵遗产。保护好这座历史悠久而又完整的皇家御苑，对于再现皇家园林风貌、辉煌北京古都风采、弘扬中华民族文化、传承人类历史文明有着极其重要的历史意义和现实意义。如今的北海仿佛镶嵌在首都的一颗璀璨明珠，在喧嚣的现代都市中显出一份难得的从容和美丽！而这份从容与美丽是历届北海人辛勤努力和点滴构建而成。相信在我们的共同努力下，这座古老的皇家园林将焕发新的勃勃生机，继续为人类文明发展贡献出其应有的巨大作用。

从西湖第一山林"风景"欣赏到南宋临安皇家"园林"的叠山写仿——灵隐飞来峰风景园林文化遗产价值考

鲍沁星

杭州灵隐寺前的飞来峰有"东南第一山水""西湖第一山林"的美誉。然而现今主要关注灵隐飞来峰的造像艺术，却很少从风景园林的角度对其文化遗产价值进行研究，尤其对灵隐飞来峰峰石众多、洞壑万千的独特自然风景与其影响研究不足。笔者希望研究灵隐飞来峰作为西湖第一山林形成的独特欣赏文化，以及对园林叠山写仿的影响[1]，探讨其独特的风景园林文化遗产价值[2]。

1 灵隐飞来峰名字的由来

1.1 从印度"飞来"的飞来峰

杭州灵隐飞来峰之名源于 1700 年前的东晋，闻名天下的灵隐寺也因此山而建。关于飞来峰之名，南朝时期著名文学家、地理学家顾野王（519～581 年）在《舆地志》中载，"晋咸和元年（326 年），西天僧慧理，登此山叹曰：'此是中天竺灵鹫山之小岭，不知何年飞来。因挂锡造灵隐寺，号其峰曰飞来'"[3]。自天竺僧人慧理开山之后，灵隐飞来峰从天竺飞来的传说盛行。

1.2 飞来之源——印度的灵鹫山

慧理所谓的中天竺灵鹫山，在古印度语中又称"耆阇崛山"或"姞栗陀罗矩吒山"，直到今日还是佛教徒去印度朝圣的佛教圣地。416 年东晋法显和尚所著的《佛国记》指出这座山峰风景特点是"其山峰秀端严"，还记述了山名与灵鹫的故事："天魔波旬化作一只雕鹫，在洞前恐吓窟中坐禅的阿难……"[4]，灵鹫峰因此得名。而唐代玄奘所著的《大唐西域记》中指出"孤标特起"是印度灵鹫山一大特点[5]，这与杭州灵隐飞来峰山体特点多有类似，也难怪印度和尚慧理会认为其是从印度飞来的"中天竺灵鹫山之小岭"。

2 西湖第一山林欣赏文化

唐代大文豪白居易留下了的《冷泉亭记》这一千古名篇，"东南山水，余杭郡为最；就郡言，灵隐寺为尤；由寺观，冷泉亭为甲"[6]。在白居易的眼中，东南地区的山水杭州最胜，而在杭州山水中观冷泉、飞来峰为第一。这里"高不倍寻，广不累丈"，却集中了最奇丽的景色，以至"地搜胜概，物无遁形"[6]。而继白居易之后，后世文人一再地赞美灵隐飞来峰，赞其为"东南第一山水"，"西湖第一山林"。如明代文人袁宏道称，"湖上诸峰，当以飞来为第一"[7]；明末清初文人邵长蘅也指出："武林诸山，以峰名者百数，飞来峰最奇，缘趾至颠，皆石也。峰之奇，以石、以岩洞"[8]。而《灵隐寺志》中总结飞来峰的特点是"此峰中空外奇，玲珑磊块……其从西天飞来无疑，洵武林山之第一峰也"[9]。而到了清末也仍有记载，造园匠人在营造杭州芝园时也受到这种思潮的影响："西湖名胜之区虽指不胜屈，但山林奇郁总要算飞来峰为第一个胜景[10]"。

3 灵隐飞来峰独特的风景遗产价值

灵隐飞来峰的佛教造像艺术堪称"元代现存藏传佛教和汉传佛教石刻造像艺术中的极品"[11]，并已有较多研究。与此相比，灵隐飞来峰独特的风景遗产价值亟待关注。

3.1 灵隐飞来峰之峰石林立

灵隐飞来峰仅高 100 多米[12]，虽小却闻名海内。其岩石裸露（图 1）、峰石林立（图 2），如同平地飞来了一整座石头山。遍访名山的徐霞客来到这里，对飞来峰的山体形态也十分惊奇，称之为"此峰尽骨露，石皆嵌空玲珑"[13]。《武林灵隐志》对其有着生动的刻画："其石有窍

图 1　杭州灵隐飞来峰山脚

图 2　杭州灵隐飞来峰造像

有罅，有筋有棱，有如手指攒撮者，有如铁线疏剔者，有如老松皮者，有如虫蚀者，有如蚁穴涌起者，有如蜂房相比者，有如波浪冲激者，有如冻云合逐者"[9]，描写如同太湖假山石峰一般[14]，石头形态变化万千。而"下本浅土，势若悬浮，横竖反侧，非人思想之所得及"[9]，更透彻淋漓地表现出若悬浮飞来之势。

3.2 灵隐飞来峰之洞壑万千

相传灵隐的"飞来峰"曾有 72 洞，但时至今日多数已经湮没，现存最为著名的洞壑有呼猿洞（图 3）、龙泓洞（图 4）、玉乳洞（图 5）和射旭洞（图 6）等[15]。其中呼猿洞则直接和灵隐飞来峰的来历相关，"即慧公验飞来峰处"，以猿猴出没而闻名；龙泓洞又名通天洞，因岩顶可见一线天光而得名[9]；玉乳洞由于洞顶岩石滴下水珠含

图 3　灵隐飞来峰呼猿洞

图 4　灵隐飞来峰龙泓洞

图 5　灵隐飞来峰玉乳洞

图 6 灵隐飞来峰射旭洞

有乳白色的石灰岩溶液得名。行走在玉乳洞口，仿佛行走在园林大假山之脚；而射旭洞"峰石纵横，无愧署书八面玲珑四字者也"[9]，洞内婉转而上的山路，让人怀疑这究竟是自然界中的真山，还是鬼斧神工所雕琢之人工假山。明代田汝成也指出此洞"奇石累累，若镂若刻，信天巧所为，非人力也"[16]。

3.3 灵隐飞来峰之隐逸世外

"山不在高，有仙则名"，"灵隐"二字的含义即仙人所隐，这正切合了自唐代兴起的文人中隐思潮。在杭州城郊的灵隐飞来峰下，峰石林立、洞壑万千的景象如同尘世之外。文人不用跋山涉水百里之外，就可以在这里满足内心求隐的思想追求，获得神仙般的精神享受。不仅唐代大诗人白居易来飞来峰寻求隐居体验，"在郡六百日，入山十二回"[9]。北宋大文豪苏东坡更是这里的常客，题写了许多诗词名篇，如"我在钱塘六百日，山中暂来不暖席。今君欲作灵隐居，葛衣草屦随僧蔬"[9]。历代文人墨客在灵隐飞来峰所写诗不计其数，留存至今近百首，充分反映了文人们对隐居飞来峰下，"尘世莫扰"的向往。唐宋之际，中国文人的隐逸文化也从雏形走向成熟[17]，文人们纷纷寻访飞来峰下、借宿灵隐寺中，正是这种隐逸文化思潮的重要象征。

4 灵隐飞来峰独特的园林文化遗产价值

在园林理论家和文人造园家白居易的推动下，自唐代之后灵隐飞来峰在杭州文人心中是东南山水之一、西湖山林气象第一，最接近杭州文人理想中的山林景色，对造园艺术有重要影响，具有独特的园林文化遗产价值。

4.1 灵隐飞来峰是唐宋重要的园林奇石产地

灵隐飞来峰在古代也是重要园林奇石的产地之一，这里出产的奇石称之天竺石，风格接近太湖石。据有关学者考证，今日在北京中山公园社稷坛西门外"青莲朵"（图7）很可能是南宋德寿宫中的天竺石[18-19]。而天竺石欣赏的流行和唐代白居易也有密切的关系，他在3年刺史任满离去时，别无他求，仅取2片天竺石，并在诗中写到"三年为刺史，饮水复食蘗。唯向天竺山，取得两片石"；北宋时，慧净和尚把天竺石送苏东坡留作纪念，这正是苏东坡离任杭州之际，因此他还特地写了首《丑石吟》记述此事："在郡依前六百日，山中不记几回来。还将天竺一峰去，欲把云根到处栽"[20]。白居易在《太湖石记》指出"太湖为甲，罗浮、天竺之徒次焉"[6]。白居易也是最早肯定"置石"美学意义的人，他对天竺石的推崇，使得灵隐飞来峰成为唐宋时重要的奇石产地。北宋的花石纲也波及天竺石，灵隐洞中很多奇石在北宋末年时因花石纲被朱勔运走[9]，后世盗采奇石也屡禁不绝。以致明代文人虞淳熙有《代石言》批判这场石灾，"以为石为公物，叠灵山之假，何妨取灵山之真"[9]。

4.2 灵隐飞来峰是南宋皇家园林叠山写仿对象

南宋皇城大内后苑和德寿宫2座重要皇家园林中的假山堆叠，在叠山的形象和风格上都对飞来峰进行了写仿，

图7 天竺石"青莲朵"

图8 （南宋）赵伯驹，《宫苑图》

据《武林旧事》所载，"禁中及德寿宫皆有大龙池、万岁山，拟西湖冷泉、飞来峰。若亭榭之盛，御舟之华，则非外间可拟"[21]。南宋皇家园林的飞来峰现已不存，但从现存南宋的宫苑画中查找线索[22]，可以发现南宋宫廷画家赵伯驹的《宫苑图》图中就绘有大假山，足有旁边二层楼阁的高度，宫女们列队穿行假山底部的山洞，笔者推测这很可能就是南宋宫中仿飞来峰堆叠大假山的真实艺术写照。周维权先生指出，"宋代皇家园林比起中国历史上任何一个朝代都少皇家气派，而更多接近民间私家园林"[23]，这种现象在南宋更为明显。相比其他时代的皇家园林包含的帝王雄心，内容富有九州、四海、万物以及蓬莱三岛等神仙境界，南宋皇家却独爱杭州西湖、灵隐飞来峰景色，并多次仿建。又如南宋平原郡王韩侂胄的南园景色也"类绝香林"[24]（香林是飞来峰射旭洞的别称[9]），南宋恭圣仁烈宅遗址假山也疑似与南宋皇家"飞来峰"欣赏趣味有关[25]。灵隐飞来峰就在杭州城郊，一天之内可多次游赏。可是南宋皇室并不满足于只是游赏，还要在皇家园林中重复模仿和再现灵隐飞来峰之景，足见其园林文化遗产价值之重要。

4.3 灵隐飞来峰影响了叠石为山的园林艺术

园林中叠山的形态来源于对人们对自然界中山体形态的认识和欣赏，对于杭州灵隐飞来峰这样一座以峰石、洞壑而闻名的平地飞来之小石山，众多的文人墨客游览灵隐飞来峰之后，想在自己的庭院园林中再现这样的景致也是自然之事。又如前文提到的芝园为了寻找堆叠假山的灵感，模仿灵隐飞来峰山林的意境进行设计构思，设计图纸让园主胡雪岩颇为满意，"果然能照此造成，真是移湖山大观于几席间矣"[10]。在杭州人心中，芝园假山在杭州有

"擘飞来峰一支，似狮子林之缩本"[26]之美称。芝园大假山、苏州狮子林大假山能与灵隐飞来峰等同，而在笔者所见所知的范围内，灵隐飞来峰是自然界中最为接近中国古典园林中叠石假山形态的真山，可能启发了叠石为山的造园思路。例如在杭州有着"湖上笠翁"美誉的清代文人李渔在其造园实践中也常以西湖为借鉴，并指出园林叠山的最高境界是"然能变城市为山林，招飞来峰使居平地，自是神仙妙术"[27]，可见灵隐飞来峰在杭州文人造园活动中的重要影响力。杭州西湖一带以石山、峰石、洞壑欣赏闻名的灵隐飞来峰，为文人在园林中堆叠假山、营造城市山林，提供了真实的依据和借鉴。中国园林晚期叠山艺术中峰石欣赏分离、注重整体营造的趋势[28]，写仿灵隐飞来峰造园叠山可能反映了早期中国园林叠石一体的欣赏趣味。而出现这个现象的南宋时代，正是中国园林叠石为山产生、发展的关键时期[29-31]，故写仿灵隐飞来峰叠石为山对中国造园艺术的成熟，具有十分深远的意义。因此在风景园林历史理论与遗产保护研究体系中[32]，灵隐飞来峰占有非常重要的地位，具有非常独特的风景园林文化遗产价值。

5 小结

西湖以湖山胜，而灵隐飞来峰被誉为西湖山林气象之第一，是古代江南文人理想中的山林风景，具有独特风景园林文化遗产价值。其对唐代园林奇石欣赏文化有重要影响，而到了南宋则进一步成为皇家园林叠石为山的模仿对象，是启发中国园林叠石为山的造园思路的重要源头之一，对中国园林艺术的成熟亦有着重要影响。2011年杭州西湖湖山以"西湖文化景观"成为世界文化遗产，而今

进入了后申遗时代[33]。笔者认为，不仅西湖文化景观的保护工作变得非常重要，同时这也是加强西湖文化遗产研究的契机[34]。正如"不畏浮云遮望眼"[9]，在对杭州灵隐飞来峰的保护和研究过程中，需高度重视并深入研究其风景园林文化遗产价值[35]。研究西湖文化景观和南宋造园艺术史需要具有相当的史学功力和修养，在这个方面笔者是十分欠缺的，研及深处，尤感力不从心。故谬误之处，恳请各位专家、学者指正。

致谢

在本文的研究和写作过程中，得到导师李雄教授的悉心指导，还得到了包志毅老师、王欣老师、王劲韬老师、薛晓飞老师、吴伟丰老师、张敏霞老师的宝贵帮助，特此感谢！

（注：本文已发表于《中国园林》2012 年第 8 期）

参考文献

[1] 贾珺 . 清代皇家园林写仿现象探析 [J]. 装饰 ,2010,(02):16-21.
[2] 谢凝高 . 风景名胜遗产学要义 [J]. 中国园林 ,2010,(10):26-28.
[3] （南朝）顾野王 ,（清）王谟 , 重辑 . 舆地志辑注 [M]. 上海 : 上海古籍出版社 , 2011.
[4] （东晋）法显 . 佛国记 .[M]. 重庆 : 重庆出版社 ,2009.
[5] （唐）玄奘 . 大唐西域记 [M]. 桂林 : 广西师范大学出版社 ,2007.
[6] （唐）白居易 . 顾学颉 , 点校 . 白居易集 [M]. 北京 : 中华书局 , 1979.
[7] （明）袁宏道 . 袁中郎全集·卷八 [M]. 台北 : 世界书局 , 2009.
[8] 劳亦安 , 辑 . 古今游记丛钞目录 : 邵长蘅飞来峰记 [M]. 台北 : 中华书局 ,1961.
[9] （清）孙治 , 初辑 . 武林灵隐志 [M]. 徐增 , 修 . 杭州 : 杭州出版社 ,2006
[10] （日）大桥式羽 ,（清）纪双鼎 . 胡雪岩外传 [M]. 北京 : 京华出版社 ,1997.
[11] 赖天兵 . 杭州飞来峰元代石刻造像艺术 [J]. 中国藏学 ,1998,(4): 96-107.
[12] （清）翟灏 , 湖山便览（附西湖新志）[M]. 上海 : 上海古籍出版社 ,1998.
[13] （明）徐霞客 . 徐霞客游记·卷十八 [M]. 北京 : 中华书局 , 2009.
[14] 李树华 . 中国园林山石鉴赏法及其形成发展过程的探讨 [J]. 中国园林 ,2000,(01):80-84.
[15] 赵福莲 . 千年灵隐 [M]. 杭州 : 浙江人民出版 ,2004.
[16] （明）田汝成 . 西湖游览志·卷十·北山胜迹 [M]. 上海 : 上海古籍出版社 ,1980.
[17] 吕明伟 , 胡晓雷 . 传统园林艺术中文人园的隐逸精神 [J]. 中国园林 ,2003,(12):63-65.
[18]《宝藏》编辑部 . 观赏石文化简史 [J]. 宝藏 , 2007,(1):30-33.
[19] 阎元宁 . 珍宝异石 : 观赏矿物篇 [M]. 北京 : 农村读物出版社 ,2006.
[20] 董洪全 . 中华奇石珍品 [M]. 长沙 : 湖南美术出版社 ,2007.
[21] （宋）周密 . 武林旧事·卷四 [M]. 济南 : 山东友谊出版社 2001.
[22] 邬东璠 , 庄岳 . 从文化共通性看中国古典园林文化 [J]. 中国园林 ,2010,(01):37-40.
[23] 周维权 . 中国古典园林史 : 第三版 [M]. 北京 : 清华大学出版社 , 2004.
[24] （宋）周密 . 癸辛杂识·后集 [M]. 北京 : 中华书局 , 1988.
[25] 鲍沁星 , 张敏霞 . 南宋杭州恭圣仁烈杨皇后宅院园林遗址考 [J]. 中国园林 ,2011,(11):72-75.
[26] （清）丁丙 . 武林坊巷志 [M]. 杭州 : 浙江人民出版社 ,1984.
[27] （清）李渔著 . 闲情偶寄·居室部 [M]. 上海 : 上海古籍出版社 , 2000.
[28] 顾凯 . 重新认识江南园林 : 早期差异与晚明转折 [J]. 建筑学报 ,2009,(S1):106-110.
[29] 曹汛 . 略论我国古代园林叠山艺术的发展演变 [J]. 建筑历史与理论 , 1980, (1):74-85.
[30] 王劲韬 . 论中国园林叠山的专业化 [J]. 中国园林 ,2008,(01):91-94.
[31] 端木山 . 江南私家园林研究 : 起源与形态 [D]. 北京 : 中央美术学院 ,2011.
[32] 刘滨谊 . 风景园林学科发展坐标系初探 [J]. 中国园林 ,2011,(06):25-28.
[33] 杨小茹 , 华芳 , 黄文柳 , 等 . 杭州西湖后申遗时代的保护与管理 [J]. 中国园林 ,2011,(09):39-42.
[34] 邬东璠 . 议文化景观遗产及其景观文化的保护 [J]. 中国园林 ,2011,(04):1-3.
[35] 隆晓明 , 张军 . 自然景观与人文景观的交融 : 记杭州灵隐景区综合整治工程 [J]. 中国园林 ,2008,(10):93-95.